高职高专机电专业"互联网+"创新规划教材

机械设计基础课程设计指导书

主　编　王雪艳
副主编　于爱武　张苗苗
主　审　李世伟

内 容 简 介

本书是根据高职高专机械类、机电类专业对机械设计基础课程设计的具体要求，考虑学生的实际情况和职业技术教育的特点，在参考了大量有关文献和资料的基础上，结合编者多年的教学经验编写而成的。本书内容包括课程设计综述、传动系统的总体设计、传动零件的设计计算、减速器装配图的设计与绘制、零件图的设计与绘制、设计计算说明书的编写与答辩和附录七个部分。本书理论与实践相结合，可以激发学生的求知欲和探索欲，又可以培养其职业能力和创新思维，在内容编排上适应当前学生的认知规律及学习特点，是适合高等职业院校制造类专业使用的"教、学、做"一体化教材。

本书可作为高职高专院校机械类专业机械设计基础课程设计的教材，也可作为高职高专近机械类专业或非机械类专业的课程设计参考书。

图书在版编目(CIP)数据

机械设计基础课程设计指导书/王雪艳主编. —北京：北京大学出版社，2017.1
（高职高专机电专业"互联网+"创新规划教材）
ISBN 978-7-301-27778-2

Ⅰ.①机… Ⅱ.①王… Ⅲ.①机械设计—课程设计—高等职业教育—教材 Ⅳ.①TH122-41

中国版本图书馆CIP数据核字（2016）第282609号

书　　　名	机械设计基础课程设计指导书 Jixie Sheji Jichu Kecheng Sheji Zhidaoshu
著作责任者	王雪艳　主编
策划编辑	刘晓东
责任编辑	黄红珍
数字编辑	刘志秀
标准书号	ISBN 978-7-301-27778-2
出版发行	北京大学出版社
地　　　址	北京市海淀区成府路205号　100871
网　　　址	http://www.pup.cn　新浪微博：@北京大学出版社
电子信箱	pup_6@163.com
电　　　话	邮购部 62752015　发行部 62750672　编辑部 62750667
印刷者	北京虎彩文化传播有限公司
经销者	新华书店
	787毫米×1092毫米　16开本　11.25印张　255千字 2017年1月第1版　2023年6月修订　2023年6月第5次印刷
定　　　价	36.00元

未经许可，不得以任何方式复制或抄袭本书之部分或全部内容。
版权所有，侵权必究
举报电话：010-62752024　电子信箱：fd@pup.pku.edu.cn
图书如有印装质量问题，请与出版部联系，电话010-62756370

前　　言

　　课程设计是"机械设计基础"课程教学中不可缺少的重要环节。为了解决学生在课程设计中遇到的实际问题，编者根据高职高专机械类、机电类专业对机械设计基础课程的具体要求，考虑学生的实际情况和职业技术教育的特点，在参考了大量有关文献和资料的基础上，结合多年的教学经验，编写了本书。本书以一般机械传动系统设计为知识载体，以培养学生解决工程实际问题的能力为目标，具有如下特点：

　　(1) 本书将设计指导书、参考图例、有关标准规范和设计资料等有机地结合起来，使内容更加完整、系统。

　　(2) 本书在内容布局上以各设计环节间的依赖关系为基础，确定详细的设计步骤，并对每一步骤的设计给出了具体方法，力求做到前一环节的设计为后一环节提供依据，使读者在进行课程设计的过程中有章可循，并能够得到更好的锻炼和提高。

　　(3) 本书主要以常见的圆柱齿轮减速器设计为例，围绕机械设计基础课程设计的需要，介绍了减速器的设计方法和步骤。书中还收录了其他一些机械设计基础课程的设计题目，并附有经过验证的设计原始数据，供教师下达设计任务书时选用。

　　(4) 本书采用最新国家标准。为了缩减篇幅，便于使用，书中摘录的标准和规范都根据常用的参考范围进行了精心压缩和编排。

　　(5) 本书体现高等职业教育特色和立德树人根本任务，围绕"教育、科技、人才"战略，与主教材配套，有机渗透标准意识、规范意识、质量意识、环境意识等专业精神以及严谨认真、精益求精、合作精神、工匠精神、创新精神等职业素养。

　　本书可与王雪艳主编的《机械设计基础》配套使用。

　　由于编者水平有限，书中难免有不妥之处，恳请广大读者批评指正。

编　者

2016 年 9 月

目 录

第 1 章　课程设计综述............................1
 1.1　课程设计的目的............................2
 1.2　课程设计的内容、步骤与进度............................2
 1.3　课程设计的要求............................4
 1.4　课程设计任务书............................4
 1.5　课程设计成绩的评定............................7

第 2 章　传动系统的总体设计............................9
 2.1　分析和拟定传动方案............................10
 2.2　电动机的选择............................13
  2.2.1　电动机的类型和结构形式的选择............................13
  2.2.2　电动机转速的选择............................14
  2.2.3　电动机的功率(容量)选择............................15
  2.2.4　电动机型号的确定及相关数据的获取............................16
 2.3　传动系统总传动比的计算与分配............................17
 2.4　传动系统的运动和动力参数的计算............................19

第 3 章　传动零件的设计计算............................25
 3.1　普通 V 带传动的设计计算............................26
 3.2　齿轮传动的设计计算............................28

第 4 章　减速器装配图的设计与绘制............................31
 4.1　减速器装配草图设计的准备阶段............................32
  4.1.1　确定箱体主要尺寸............................32
  4.1.2　确定影响轴结构的减速器润滑因素............................38
  4.1.3　确定减速器的密封方式............................42
  4.1.4　初估轴的最小直径、选择联轴器并确定轴伸长度及位置............................44
  4.1.5　初选滚动轴承............................47
  4.1.6　确定装配图的表达方案、作图比例及视图布局定位............................48
 4.2　减速器装配草图设计的第一阶段............................50
 4.3　减速器装配草图设计的第二阶段............................51
  4.3.1　轴的结构设计............................52
  4.3.2　轴、滚动轴承及键联接的校核计算............................55
 4.4　减速器装配草图设计的第三阶段............................59
  4.4.1　齿轮的结构设计............................60
  4.4.2　滚动轴承的组合设计............................62
 4.5　减速器装配草图设计的第四阶段............................64
  4.5.1　减速器箱体的结构设计............................64
  4.5.2　减速器附件的设计............................71
 4.6　减速器装配草图的检查与修改............................82
 4.7　完成装配图............................82
 4.8　参考图例............................85

第 5 章　零件图的设计与绘制............................88
 5.1　零件工作图的设计要点............................89
 5.2　轴类零件工作图的设计要点............................90
 5.3　齿轮类零件工作图的设计要点............................93

第 6 章　设计计算说明书的编写与答辩............................96
 6.1　设计计算说明书的编写............................97
  6.1.1　设计计算说明书的内容............................97
  6.1.2　设计计算说明书的要求及注意事项............................98
  6.1.3　设计计算说明书的格式............................99
 6.2　答辩............................102
  6.2.1　答辩准备............................102
  6.2.2　答辩参考题目............................102

附录............................105
 附录 A　一般标准............................105

附录 B　电动机 113
附录 C　联轴器 117
附录 D　标准联接件 125
附录 E　滚动轴承 144
附录 F　密封件 153
附录 G　润滑剂 156
附录 H　常见机械制图标准画法 158
附录 I　减速器装拆和结构分析实验 164

参考文献 168

第 1 章

课程设计综述

1.1 课程设计的目的

课程设计是机械设计基础课程重要的教学环节，是培养学生机械设计能力的重要实践环节。其主要目的如下：

(1) 通过课程设计使学生综合运用机械设计基础课程及有关先修课程的知识，起到巩固、深化、融会贯通及扩展有关机械设计方面知识的作用，树立正确的设计思想。

(2) 通过课程设计的实践，培养学生分析和解决工程实际问题的能力，使学生掌握机械零件、机械传动装置或简单机械的一般设计方法和步骤。

(3) 培养学生设计的基本技能，如计算、绘图、查阅资料、熟悉标准和规范等能力，为专业设计和将来从事技术工作打下基础。

1.2 课程设计的内容、步骤与进度

机械设计基础课程设计的题目一般是机械设计基础课程所学过的大部分零部件组成的机械传动系统的设计，或结构简单的机械的设计。最常用的课题是设计以齿轮减速器为主的机械传动系统。现以普通 V 带传动与圆柱齿轮减速器构成的传动系统为例，说明课程设计的内容、步骤与进度，见表 1-1。

表 1-1 课程设计的步骤与进度

步骤	主要内容		学时
1. 设计准备工作	(1) 熟悉任务书，明确设计的内容和要求 (2) 熟悉设计指导书、有关资料、图样等 (3) 观看视频、实物、模型或进行减速器装拆试验等，了解减速器的结构特点与制造过程 (4) 准备计算工具、绘图用品和稿纸等		2
2. 传动系统总体设计	(1) 传动方案分析 (2) 选择电动机 (3) 计算传动系统的总传动比，分配各级传动比 (4) 计算各轴的转速、输入功率和转矩		6
3. 传动件的设计计算	(1) 带传动设计计算，首次修正 i、n、T (2) 齿轮传动设计计算，再次修正 i、n、T		4
4. 减速器装配图的设计与绘制	1) 减速器装配图设计的准备阶段	(1) 确定减速器的结构方案及箱体的主要结构尺寸 (2) 确定减速器润滑方式、轴承盖结构形式、密封方式并了解它们对轴的结构的影响 (3) 初估轴的最小直径，选择联轴器，确定轴伸长长度及位置 (4) 初选滚动轴承 (5) 读懂一些减速器装配图，确定减速器装配图设计的借鉴与改进方式 (6) 确定装配图的表达方案、作图比例，对视图进行布局定位	30

续表

步骤		主要内容	学时
4. 减速器装配图的设计与绘制	2) 减速器装配草图设计的第一阶段	(1) 轴的结构设计 (2) 轴的强度校核 (3) 滚动轴承的寿命验算 (4) 键联接的选择与强度校核	
	3) 减速器装配草图设计的第二阶段	轴系部件设计： (1) 齿轮的结构设计 (2) 滚动轴承的组合设计 ① 确定轴的支承的组合形式、轴系轴向固定方法、轴承间隙调整方法 ② 按规定画法画出滚动轴承 ③ 画套筒或挡油环 ④ 画选定结构形式的轴承盖及密封结构、画出轴承盖联接螺钉(仅对凸缘式端盖)	
	4) 减速器装配草图设计的第三阶段	(1) 箱体结构设计 ① 确定箱体结构形式及制造方法 ② 确定轴承旁联接螺栓的位置及该螺栓处的凸台，画出螺栓联接 ③ 确定箱盖顶部外表面轮廓 ④ 确定箱座高度和油面高度；选择润滑油，计算减速器的储油量 ⑤ 滚动轴承若采用飞溅润滑，画出导油沟等结构 ⑥ 画箱盖、箱座联接凸缘及螺栓联接 ⑦ 画加强肋 (2) 减速器附件设计 ① 视孔和视孔盖设计 ② 通气器的选择与绘制 ③ 起吊装置设计 ④ 油标的选择与绘制 ⑤ 放油孔及螺塞的绘制 ⑥ 画启盖螺钉 ⑦ 画定位销 (3) 检查、修改、完善装配草图	
	5) 完成减速器装配图	(1) 画剖面符号，按机械制图国家标准规定描深各类图线 (2) 选择配合，标注尺寸 (3) 编写零件序号，列出明细栏 (4) 完成标题栏 (5) 编写技术要求、技术参数表	
5. 零件工作图的设计与绘制	(1) 绘制齿轮零件工作图 (2) 绘制轴的零件工作图		4
6. 编写设计计算说明书	(1) 编写设计计算说明书，内容包括所有的计算，并附有必要的简图 (2) 注明参考资料 (3) 写出设计体会、收获和对设计的改进意见		12
7. 答辩	(1) 做答辩准备 (2) 参加答辩		2

1.3 课程设计的要求

机械设计基础课程设计对学生总的要求是保质、保量、按时完成设计任务，具体要求如下：

(1) 做好设计准备工作，包括收集、准备设计资料、绘图工具及用品。

(2) 设计之前要认真研究课程设计任务书，分析题目，了解工作条件，明确设计要求和内容。

(3) 设计中要认真复习所遇到的课程内容，如 V 带传动，齿轮传动，轴、轴承、联轴器和有关的连接件等。在教师的指导下，提倡独立思考、计算、绘图、完成课程设计，反对不求甚解、照抄数据、照搬图样、敷衍了事的行为。

(4) 课程设计必须在规定的教室进行，遵守学习制度和作息时间，按设计计划循序进行，以便指导教师随时掌握每个学生的情况，发现问题及时解决。

(5) 注意掌握设计进度，按照表 1-1 编排的步骤和内容逐项完成。在草图设计阶段，注意设计计算与结构设计画图交替进行，采用"边计算、边画图、边修改"的正确设计方法。另外，在整个设计过程中应注意对设计资料和计算数据保存和积累，保持记录的完整性。

1.4 课程设计任务书

课程设计任务书规定了具体的设计任务。课程设计的每一项工作都要依据任务书进行。这里给出了四份任务书样例，具体采用哪一份，以及是采用直齿圆柱齿轮传动还是采用斜齿圆柱齿轮传动，均由指导教师根据机械设计基础课程教学情况和学生学习情况确定。

设计任务书(Ⅰ)

1. 设计题目：带式输送机传动系统

(1) 传动方案如图 1.1 所示。

【参考图文】

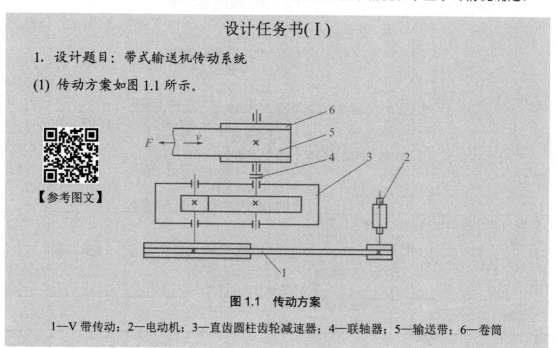

图 1.1 传动方案

1—V 带传动；2—电动机；3—直齿圆柱齿轮减速器；4—联轴器；5—输送带；6—卷筒

(2) 原始数据见表1-2。

表 1-2　原始数据(Ⅰ)

参　数	题　号				
	1	2	3	4	5
输送带工作拉力 F/N	2300	2100	1900	2200	2000
输送带工作速度 $v/(m/s)$	1.5	1.6	1.6	1.8	1.8
卷筒直径 D/mm	400	400	400	450	450
每日工作时数 T/h	24	24	24	24	24
传动工作年限/年	5	5	5	5	5

(3) 工作条件：输送机连续工作，单向运转，载荷平稳；按每年300个工作日计算；输送带速度允许误差为±5%。

2. 应完成的设计工作量

(1) 减速器装配图：A1一张。

(2) 轴和齿轮零件图：A3两张。

(3) 设计计算说明书：16开，25页以上。

设计任务书(Ⅱ)

1. 设计题目：带式输送机传动系统

(1) 传动方案如图1.2所示。

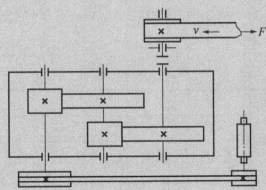

图 1.2　传动方案

(2) 原始数据见表1-3。

表 1-3　原始数据(Ⅱ)

参数	题号				
	1	2	3	4	5
输送带拉力 F/kN	5.3	5	4.3	4.2	3.4
输送带速度 $v/(m/s)$	0.7	0.75	0.8	0.85	0.9
卷筒直径 D/mm	300	300	320	320	380

(3) 工作条件：输送机连续工作，单向运转，有轻微振动；工作年限为5年，按每年300个工作日计算；输送带速度允许误差为±5%。

2. 应完成的设计工作量

(1) 减速器装配图：A1一张。

(2) 轴和齿轮零件图：A3两张。

(3) 设计计算说明书：16开，25页以上。

设计任务书(Ⅲ)

1. 设计题目：绞车传动系统

(1) 传动方案如图1.3所示。

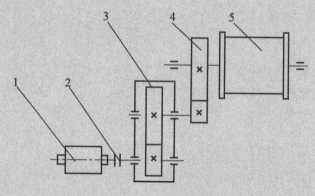

图1.3 传动方案

1—电动机；2—联轴器；3—圆柱斜齿轮减速器；4—开式齿轮；5—卷筒

(2) 原始数据见表1-4。

表1-4 原始数据(Ⅲ)

参　数	题　号					
	1	2	3	4	5	6
卷筒圆周力 F/N	5000	7500	8500	10000	11500	12000
卷筒转速 n/(r/min)	60	55	50	45	40	35
卷筒直径 D/mm	350	400	450	500	350	400

(3) 工作条件：间歇工作，载荷平稳，传动可逆转，起动载荷为名义载荷的1.25倍，传动比误差为±5%；每隔2 min工作一次，停机5 min，两班制；工作年限为10年，按每年300个工作日计算。

2. 应完成的设计工作量

(1) 减速器装配图：A1一张。

(2) 轴和齿轮零件图：A3两张。

(3) 设计计算说明书：16开，25页以上。

设计任务书(Ⅳ)

1. 设计题目：链式输送机传动系统

(1) 传动方案如图 1.4 所示。

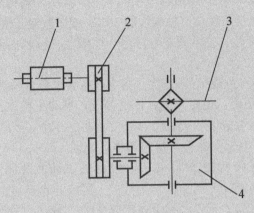

图 1.4 传动方案

1—电动机；2—V 带传动；3—链式输送机；4—锥齿轮减速器

(2) 原始数据见表 1-5。

表 1-5 原始数据(Ⅳ)

参　数	题　号						
	1	2	3	4	5	6	7
输出轴功率 P/kW	3	3.2	3.4	3.6	3.8	4	4.2
输出轴转速 n/(r/min)	100	110	115	120	125	135	140

(3) 工作条件：传动不可逆，载荷平稳，连续工作，起动载荷为名义载荷的 1.25 倍，传动比误差为 ±7.5%；两班制，工作年限为 10 年，按每年 260 个工作日计算。

2. 应完成的设计工作量

(1) 减速器装配图：A1 一张。
(2) 轴和齿轮零件图：A3 两张。
(3) 设计计算说明书：16 开，25 页以上。

1.5　课程设计成绩的评定

1. 课程设计的成绩可按百分制或五级制表示

课程设计的成绩可按百分制或五级制表示，具体如下：100~90 分(优)、89~80 分(良)、79~70 分(中)、69~60 分(及格)、59 分及以下(不及格)。

2. 评分细则(具体实施时可由指导教师根据实际情况进行调整)

依据完成的设计图样、设计计算说明、答辩情况及设计态度，大致按下述比例记分：

(1) 设计前的各项准备工作占总成绩的 5%。其中包括参考资料、计算工具、绘图用品和稿纸等的准备，以及设计组组长的推选及整个组的桌椅摆放等。

(2) 设计图样(装配图、零件图)占总成绩的 45%。其中，结构、尺寸、主要技术特性与说明一致，且符合本设计组条件，占总成绩的 30%；视图表达正确，且符合制图国家标准，占总成绩的 10%；尺寸标注、技术要求、序号、明细栏、标题栏正确、合理，占总成绩的 5%。

(3) 设计计算说明书占总成绩的 20%。其中，按要求整理编排，主要计算项目齐全，占总成绩的 10%；计算正确，说明清楚，图文并茂，书写工整，占总成绩的 8%；目录、装订、封面符合格式，占总成绩的 2%。

(4) 答辩占总成绩的 10%，据答辩情况酌情计成绩。

(5) 设计态度占总成绩的 20%。其中，设计的主动性及团队合作精神占总成绩的 10%，考勤占总成绩的 10%。

另外，有下述两种情况之一者，不予评定成绩(做"缺考"处理)：

(1) 10 次不定时点名不在场，或 5 天未到场(含旷课、病假、事假)。

(2) 未全部完成设计任务书规定的工作量。

第 2 章

传动系统的总体设计

机械传动系统的总体设计包括分析和拟定传动方案、选择原动机、确定传动系统的总传动比并合理分配各级传动的传动比、计算传动系统的运动和动力参数，为后面的众多设计计算提供依据。

2.1　分析和拟定传动方案

机器一般都有工作部分(即工作机)、动力部分(即原动机)和传动部分(即传动系统)。传动系统的作用是根据工作部分的需要，把原动机的运动和动力传给工作部分。如图 2.1 所示，带式输送机的直接工作部分是输送带，原动机是电动机，传动系统是由二级圆柱齿轮传动构成的减速器。以上三部分通过两处联轴器联成一体。传动系统不仅把电动机的动力传给了输送带，而且把电动机的高速转动变为卷筒的低速转动，最终变为输送带的低速直线移动。

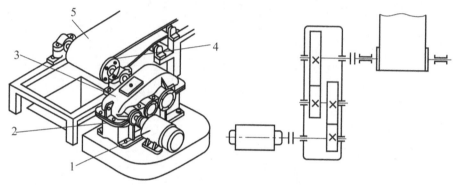

(a) 带式输送机传动系统外形　　　(b) 带式输送机传动系统运动简图

图 2.1　带式输送机传动系统及其简图

1—电动机(原动机)；2—联轴器；3—减速器；4—卷筒；5—输送带(工作机)

机械传动系统的布局称为传动方案。对于确定的工作机和原动机可能有多种不同的传动方案。不同传动方案对整个机器的效率、尺寸、质量、成本等的影响可能各不相同。而合理的传动方案首先应满足工作机的性能要求，其次是满足工作可靠、结构简单、尺寸紧凑、传动效率高、使用维护方便、工艺性和经济性好等要求。很显然，要同时满足这些要求肯定是比较困难的，因此，要通过分析和比较多种传动方案，选择其中最能满足众多要求的合理传动方案作为最终确定的传动方案。

图 2.2 所示为带式运输机的四种传动方案，下面进行分析和比较。

方案(a)采用二级圆柱齿轮减速器，这种方案结构尺寸小，传动效率高，适合于较差环境下长期工作；方案(b)采用 V 带传动和一级闭式齿轮传动，这种方案外廓尺寸较大，有减振和过载保护作用，V 带传动不适合恶劣的工作环境；方案(c)采用一级闭式齿轮传动和一级开式齿轮传动，成本较低，但使用寿命较短，也不适用于较差的工作环境；方案(d)是一级蜗杆减速器，此种方案结构紧凑，但传动效率低，长期连续工作不经济。以上四种方案虽然都能满足带式运输机的要求，但结构尺寸、性能指标、经济性等方面均有较大差异，要根据具体的工作要求来选择合理的传动方案。

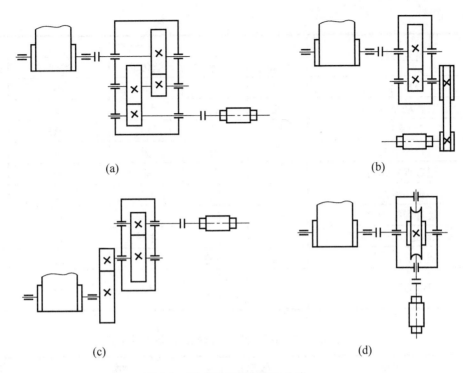

图 2.2 带式输送机的传动方案

分析和选择传动机构的类型及其组合是拟定传动方案的重要一环。设计时,应根据工作机的工作条件和对传动方案的要求,草拟若干种传动方案进行分析比对,初步确定较为合理的方案。如果经下一步各级传动比分配,各级传动比均在合理范围内,则此方案便可被确定下来,否则应对传动方案进行修正。

为了便于比对,得到较为合理的传动方案,除了要清楚工作机、原动机的运动特性、动力特性及工作要求、工作环境等因素外,还必须熟悉常用传动机构、传动环节的主要技术性能及应用特点。表 2-1 列举了常用传动机构的主要技术性能及应用特点。表 2-2 列举了常用机械传动和摩擦副的效率概略值。

表 2-1 常用传动机构的主要技术性能及应用特点

选用指标		传动机构				
		平带传动	V 带传动	链传动	齿轮传动	蜗杆传动
功率(常用值)/kW		小 (≤20)	中 (≤100)	中 (≤100)	大 (最大达 50000)	小 (≤50)
单级 传动比	常用值	2~4	2~4	2~5	圆柱 圆锥 3~5　2~3	10~40
	最大值	5	7	6	8　　5	80
传动效率		查表 2-2				
许用的线速度 v/(m/s)		≤25	≤25~30	≤20	6 级精度直齿 v≤18,非直齿 v≤36; 5 级精度达 100	≤15~35

续表

选用指标	传动机构				
	平带传动	V带传动	链传动	齿轮传动	蜗杆传动
外廓尺寸	大	大	大	小	小
传动精度	低	低	中等	高	高
工作平稳性	好	好	较差	一般	好
自锁能力	无	无	无	无	可有
过载保护作用	有	有	无	无	无
使用寿命	短	短	中等	长	中等
缓冲吸振能力	好	好	中等	差	差
要求制造及安装精度	低	低	中等	高	高
要求润滑条件	不需	不需	中等	高	高
环境适应性	不能接触酸、碱、油类、爆炸性气体		好	一般	一般

表 2-2 常用机械传动和摩擦副的效率概略值

种类		效率 η	种类		效率 η
圆柱齿轮传动	很好跑合的 6 级精度和 7 级精度齿轮传动(油润滑)	0.98~0.99	摩擦传动	平摩擦轮传动	0.85~0.92
	8 级精度的一般齿轮传动(油润滑)	0.97		槽摩擦轮传动	0.88~0.90
	9 级精度的齿轮传动(油润滑)	0.96		卷绳轮	0.95
	加工齿的开式齿轮传动(脂润滑)	0.94~0.96	联轴器	十字滑块联轴器	0.97~0.99
	铸造齿的开式齿轮传动	0.90~0.93		齿式联轴器	0.99
锥齿轮传动	很好跑合的 6 级和 7 级精度的齿轮传动(油润滑)	0.97~0.98		弹性联轴器	0.99~0.995
				万向联轴器($\alpha \leq 3°$)	0.97~0.98
	8 级精度的一般齿轮传动(油润滑)	0.94~0.97		万向联轴器($\alpha > 3°$)	0.95~0.97
	加工齿的开式齿轮传动(脂润滑)	0.92~0.95	滑动轴承	润滑不良	0.94(一对)
	铸造齿的开式齿轮传动	0.88~0.92		润滑正常	0.97(一对)
蜗杆传动	自锁蜗杆(油润滑)	0.40~0.45		润滑特好(压力润滑)	0.98(一对)
	单头蜗杆(油润滑)	0.70~0.75		液体摩擦	0.99(一对)
	双头蜗杆(油润滑)	0.75~0.82	滚动轴承	球轴承(稀油润滑)	0.99(一对)
	三头和四头蜗杆(油润滑)	0.80~0.92		滚子轴承(稀油润滑)	0.98(一对)
	环面蜗杆传动(油润滑)	0.85~0.95	卷筒		0.96

续表

种类		效率 η	种类		效率 η
带传动	平带无压紧轮的开式传动	0.98	减(变)速器	单级圆柱齿轮减速器	0.97～0.98
	平带有压紧轮的开式传动	0.97		双级圆柱齿轮减速器	0.95～0.96
	平带交叉传动	0.90		行星圆柱齿轮减速器	0.95～0.98
	V 带传动	0.96		单级锥齿轮减速器	0.95～0.96
链传动	焊接链	0.93		双级圆锥-圆柱齿轮减速器	0.94～0.95
	片式关节链	0.95		无级变速器	0.92～0.95
	滚子链	0.96		摆线-针轮减速器	0.90～0.97
	齿形链	0.97	丝杠传动	滑动丝杠	0.30～0.60
复滑轮组	滑动轴承($i = 2～6$)	0.90～0.98		滚动丝杠	0.85～0.95
	滚动轴承($i = 2～6$)	0.95～0.99			

对已给传动方案的分析：一般在设计任务书中会以运动简图的形式给出传动方案，设计时只需对已给方案进行简要分析。

分析内容大体如下：

(1) 整个机器的名称、功能组成及各功能部分之间的连接方式。

(2) 传动系统的具体作用。

(3) 传动系统的布置顺序及特点。

2.2 电动机的选择

一般机械通常选择电动机为原动机。

由于电动机已标准化、系列化，设计时只要根据工作需要(载荷大小、性质、过载情况、起动特性、转速高低、工作环境等)和经济性等，选择电动机的类型结构、转速及额定功率，即可从电动机相关标准中查得电动机的型号及相关数据。

2.2.1 电动机的类型和结构形式的选择

1. 电动机的类型

电动机按电流种类分类如图 2.3 所示。

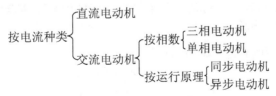

图 2.3 电动机按电流种类分类

2. 电动机的结构形式

在不同的工作环境下，为保证电动机的正常工作，对电动机有不同的防护要求。为此，将电动机的外壳制造成不同的形式，如防护型、开启型、封闭型、防爆型、水密型等。另外，根据安装形式的不同，电动机的结构可分为卧式、立式等。

3. 电动机的类型和结构形式的选择

由于工业电源多为三相交流电，故工业上一般选用三相交流电动机。其中最常用的是Y系列电动机，即全封闭自扇冷式笼型三相异步电动机。该电动机按国际电工委员会(IEC)标准设计，具有结构简单、起动性能好(转动惯量小、所需起动力矩小)、工作可靠、维护方便、价格低等优点，适用于电源电压为380V、不易燃、不易爆、无腐蚀性气体和无特殊要求的场合，如机床、泵、风机、运输机、搅拌机、农业机械等。因其起动性能好，也用于某些高起动转矩的机器上，如压缩机。Y系列电动机的技术数据、安装代号及相关尺寸见附录B。

对于经常起动、制动和正反转，有显著冲击和振动的机械(如起重机、提升机械等)，要求电动机具有较小的转动惯量和较大的过载能力，应选用起重及冶金用三相异步电动机，如YZ系列(笼型转子)电动机和YZR系列(绕线转子)电动机。

2.2.2 电动机转速的选择

(1) Y系列电动机的转速有同步转速$n_{同}$和满载转速n_m之分，见表2-3。

表2-3 Y系列电动机的同步转速$n_{同}$和满载转速n_m

转速名称	含义					说明
同步转速 $n_{同}$/(r/min)	$n_{同}$是指电动机旋转磁场的转速 $$n_{同}=\frac{60f}{p}$$ 其中，f为频率，f=50Hz；p为磁极对数					$n_{同}$由电动机的结构确定，是电动机的技术特性参数之一。 选择电动机的转速，指的是选择电动机的同步转速$n_{同}$
	磁极对数p	1(2极)	2(4极)	3(6极)	4(8极)	
	$n_{同}$/(r/min)	3000	1500	1000	750	
满载转速 n_m/(r/min)	n_m是指电动机负荷达到额定功率时的转速					n_m代表电动机实际转速，是计算各轴转速和传动比的依据

(2) 电动机的同步转速依据工作机的转速和传动系统的合理(即常用)传动比，并考虑机械的外廓尺寸和经济性确定。以带传动和单级直齿圆柱齿轮减速器为传动系统的带式输送机为例，说明选择$n_{同}$的步骤。

① 计算工作机卷筒的转速n_w(r/min)：

$$n_w = \frac{60 \times 1000v}{\pi D} \tag{2-1}$$

式中，v——输送带运行速度(m/s)；
D——卷筒直径(mm)。

② 计算传动系统合理(即常用)的传动比范围 $i'_\text{总}$。

带传动常用的传动比范围为 $i'_\text{带} = 2\sim4$。

直齿圆柱齿轮传动常用的传动比范围为 $i'_\text{齿轮} = 3\sim5$。

传动系统合理的传动比范围为

$$i'_\text{总} = i'_\text{带} \times i'_\text{齿轮} = (2\sim4)\times(3\sim5) = 6\sim20$$

③ 计算电动机同步转速的一般范围 $n'_\text{同}$：

$$n'_\text{同} = i'_\text{总} \cdot n_\text{w} = (6\sim20)\ n_\text{w}$$

④ 考虑机械系统外廓尺寸及经济性，确定电动机的同步转速 $n_\text{同}$，结果见表 2-4。

表 2-4 确定电动机的同步转速 $n_\text{同}$

$n_\text{同}$ 高时	$n_\text{同}$ 低时	选择 $n_\text{同}$ 的一般经验
电动机的磁极对数少，质量小，外廓尺寸小，价格低，但传动系统总传动比大，外廓尺寸大，结构复杂，费用高	电动机的磁极对数多，质量大，外廓尺寸大，价格高，但传动系统总传动比小，外廓尺寸小，结构简单，费用低	若 $n'_\text{同}$ 包含一种 $n_\text{同}$，只有选择这个 $n_\text{同}$ 若 $n'_\text{同}$ 包含两种 $n_\text{同}$，一般选较小的 $n_\text{同}$ 若 $n'_\text{同}$ 包含三种 $n_\text{同}$，一般选中间的 $n_\text{同}$ 若 $n'_\text{同}$ 包含四种 $n_\text{同}$，一般选中间两个 $n_\text{同}$ 的较小值

2.2.3 电动机的功率(容量)选择

1. 电动机的额定功率与输出功率

电动机的额定功率 P_ed 是指在长期连续运转的条件下，电动机发热不超过许可温升的最大功率，也称为电动机的容量，是电动机的又一技术特性参数，其数值标在电动机铭牌上。选择电动机的功率，是指选择电动机的额定功率 P_ed。

电动机的输出功率 P_d 是考虑各传动环节有功率损耗的情况下，为保证工作机正常工作而需要的功率。

$$P_\text{d} = \frac{P_\text{w}}{\eta_\text{总}} \tag{2-2}$$

式中，P_w——工作机的输出功率(kW)；

$\eta_\text{总}$——电动机到工作机执行部分的总效率。

课程设计时，以电动机的输出功率 P_d 作为下一步计算各轴功率的依据。

2. 选择电动机额定功率 P_ed 的步骤

选择电动机的额定功率 P_ed，首先以工作机的输出功率 P_w 和整个传动系统的总效率 $\eta_\text{总}$ 为基础，其次考虑工作时间的长短及发热的多少，确定 P_ed 的大小。

(1) 计算工作机的输出功率 P_w(kW)。

工作机执行部分直线移动时，有

$$P_\text{w} = \frac{Fv}{1000} \tag{2-3}$$

式中，F——工作机执行部分的工作阻力(N)；

v——工作机执行部分的移动速度(m/s)。

工作机执行部分定轴转动时,有

$$P_w = \frac{Tn}{9550} \tag{2-4}$$

式中,T——工作机执行部分的转矩(N·m);

n——工作机执行部分的转速(r/min)。

(2) 计算传动系统的总效率 $\eta_{总}$。

$\eta_{总}$ 为从电动机到工作机执行部分之间的各传动环节(包括所有传动副、运动副)效率的连乘积,即

$$\eta_{总} = \eta_1\eta_2\eta_3\cdots\eta_n \tag{2-5}$$

例如,在图 2.4 所示的带式输送机中,传动系统的总效率为

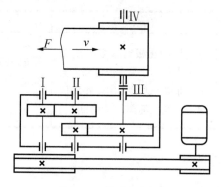

图 2.4　带式输送机

$$\eta_{总} = \eta_{带}\eta_{轴承}^4\eta_{齿轮}^2\eta_{联轴器}\eta_{卷筒}$$

式中,$\eta_{带}$——带传动的效率;

$\eta_{轴承}$——每对轴承的效率;

$\eta_{齿轮}$——每个齿轮副的效率(每次啮合效率);

$\eta_{联轴器}$——每套联轴器的效率(先定联轴器类型);

$\eta_{卷筒}$——输送带卷筒的效率。

常用机械传动和摩擦副的效率参照表 2-2 确定。

(3) 计算电动机的输出功率 P_d[按式(2-2)进行]。

(4) 选择电动机的额定功率 P_{ed}。

对长时间连续工作,载荷变化不大的机械,在所选电动机类型的技术数据表格中,选择 P_{ed} 等于或稍大于 P_d(即 $P_{ed} \geqslant P_d$)。需注意:若 $P_{ed} < P_d$,既不能保证工作机正常工作,又会因电动机经常过载运行发热过大使电动机过早损坏;若 $P_{ed} \gg P_d$,不仅电动机价格高,而且电动机经常不能满载运行,功率因数和效率低,造成电能浪费;$P_{ed} \geqslant (1.0 \sim 1.3)P_d$ 时,电动机不会异常发热,故不必校验电动机的发热和起动力矩。

对间歇工作的机械,可选 P_{ed} 等于或稍小于 P_d,允许电动机短时少量过载。

2.2.4　电动机型号的确定及相关数据的获取

根据电动机的类型和结构形式、同步转速、额定功率,在电动机技术数据表格中可确定电动机的型号和满载转速,见附录 B。

查"Y 系列电动机的安装代号"表，选择电动机的安装型式：一般选基本安装型，其安装代号为 B3(机座带底脚，端盖无凸缘)，见附录 B(表 B-2)。

根据电动机型号中的机座号(即型号前部表示中心高的数据和表示机座长短的字母组成的代号)和安装代号，查"电动机的安装及外形尺寸"表，获取相关数据，见附录 B(表 B-3)。

按不同的需要把相关数据列于表 2-5 中，以备后用。

表 2-5　电动机的型号及相关数据

电动机型号	同步转速/(r/min)	额定功率 P_{ed}/kW	满载转速 n_m/(r/min)	中心高 H/mm	轴伸尺寸 $D×E$/(mm×mm)	键的尺寸 宽 $F×$深 G/(mm×mm)
	外形尺寸 长 $L×$宽$(\frac{1}{2}AC+AD)×$高 HD/(mm×mm×mm)		底脚安装尺寸 宽距 $A×$长距 B/(mm×mm)		地脚螺栓孔直径 K/mm	

2.3　传动系统总传动比的计算与分配

1. 传动系统总传动比的计算

传动系统的总传动比 $i_{总}$ 是电动机的满载转速 n_m 与工作机的转速 n_w 之比，即

$$i_{总} = \frac{n_m}{n_w} \tag{2-6}$$

2. 总传动比与各级传动比的关系

在多级传动系统中，总传动比等于各单级传动比的连乘积，即

$$i_{总} = i_1 i_2 \cdots i_n \tag{2-7}$$

例如，在图 2.4 所示的带式输送机的传动系统中，总传动比为

$$i_{总} = i_{带} i_{减} = i_{带}(i_1 i_2)$$

式中，$i_{带}$、$i_{减}$——带传动、减速器的传动比；

i_1、i_2——减速器中高速级齿轮传动比和低速级齿轮传动比。

3. 总传动比的分配方法

首先给某一级传动(一般为高速级)一个合理的传动比，然后依照总传动比与各级传动比的关系，计算出其他传动比。

例如，在图 2.4 所示的传动系统中，首先为带传动选择一个合理(即常用范围内)的传动比 $i_{带}$，则 $i_{减} = i_{总}/i_{带}$；其次给减速器内高速级齿轮传动一个合理的传动比 i_1，则 $i_2 = i_{减}/i_1$。

4. 分配传动比应注意的问题

在多级传动组成的传动系统中，各级传动比是否合理，将直接影响传动装置的尺寸大小、各部分之间的尺寸能否正确协调、是否便于制造和安装、装置的成本高低，以及传动

件的速度大小、动载荷大小、传动件精度的高低和强度等一系列问题。为此，在分配传动比时，应注意以下问题。

(1) 在多级传动组成的传动系统中，各级传动比均应在合理范围(即常用范围)之内。否则，应修改传动方案。各种传动的传动比列于表 2-1，可供选用时参考。

(2) 各级传动比应使传动系统各部分尺寸协调、结构均匀，零件之间不应发生相互干涉的现象。

例如，在图 2.4 所示的带传动与减速器组成的多级传动系统中，由于带传动比 $i_带$ 取得过大，使大带轮外圆半径 $\dfrac{d_a}{2}$ 大于减速器中心高 H，导致大带轮不便安装，如图 2.5 所示。

又如图 2.6 所示装置中，开式齿轮的传动比取得过小，会使开式齿轮传动中心距 $\left[a = \dfrac{m(z_1+z_2)}{2} = \dfrac{m(z_1+iz_1)}{2} = \dfrac{mz_1(1+i)}{2}\right]$ 过小，导致装开式小齿轮的轴与输送带卷筒发生干涉，无法安装。

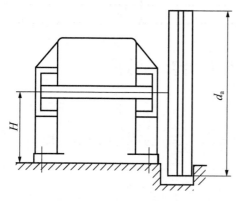

图 2.5 大带轮与地面干涉

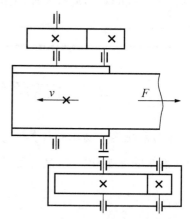

图 2.6 开式小齿轮的轴与卷筒干涉

(3) 在多级齿轮减速器中，为了改善齿轮传动的润滑条件，使各级大齿轮浸油深度相差不大，避免低速级大齿轮浸油过深而增加搅油损失；也为了减小减速器的尺寸，均应使高速齿轮传动比 i_1 稍大于低速级齿轮传动比 i_2，使各级大齿轮直径相差不大，如图 2.7 所示。若 i_1 太大，可能使高速级大齿轮的齿顶圆与低速轴发生干涉，无法装配，如图 2.8 所示。

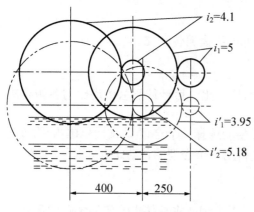

图 2.7 i_1 稍大于 i_2 较好

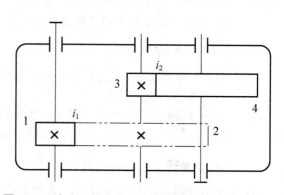

图 2.8 i_1 太大，使齿轮 2 的齿顶圆与低速轴发生干涉

(4) 总传动比分配还要考虑载荷性质。对平稳载荷，各级传动比可取简单的整数；对周期性变动载荷，为防止零件局部磨损严重，啮合传动的传动比应尽量取成小数。

要注意，以上传动比的分配只是初步的。传动系统总传动比的实际数值必须在各传动零件的参数(如带轮直径、齿轮齿数等)确定后才能计算出来，故实际传动比应在各传动零件的参数确定后进行修订。一般情况下，只要所选用的传动比使工作机的实际转速与要求转速的相对误差在±5%范围内即可。

2.4 传动系统的运动和动力参数的计算

为了进行传动件的设计计算，即轴的设计计算、联轴器的选择、滚动轴承的寿命计算及键联接的强度计算，应首先计算出各轴的转速、功率和转矩。计算前，可将电动机轴编为 0 轴，按从电动机到工作机的传动顺序，其他各轴依次编号为Ⅰ轴、Ⅱ轴、Ⅲ轴……，并按该顺序计算各轴的运动和动力参数。

现以图 2.4 所示的带式输送机传动系统为例，说明各轴运动参数和动力参数的计算方法。

1. 各轴的转速计算

0 轴(电动机轴)的转速为

$$n_0 = n_m$$

Ⅰ轴(减速器的输入轴)的转速为

$$n_\mathrm{I} = \frac{n_m}{i_{带}} \tag{2-8a}$$

Ⅱ轴(减速器的中间轴)的转速为

$$n_\mathrm{II} = \frac{n_\mathrm{I}}{i_1} \left(= \frac{n_m}{i_{带} i_1} \right) \tag{2-8b}$$

Ⅲ轴(减速器的输出轴)的转速为

$$n_\mathrm{III} = \frac{n_\mathrm{II}}{i_2} \left(= \frac{n_m}{i_{带} i_1 i_2} \right) \tag{2-8c}$$

Ⅳ轴(输送带的卷筒轴)的转速为

$$n_\mathrm{IV} = n_\mathrm{III} \tag{2-8d}$$

式中，n_m——电动机的满载转速(r/min)；

$i_{带}$——带传动的传动比；

i_1——减速器高速级，即Ⅰ、Ⅱ两轴的传动比；

i_2——减速器低速级，即Ⅱ、Ⅲ两轴的传动比。

2. 各轴的输入功率计算

由电动机的输出功率 P_d 计算各轴的输入功率如下：

Ⅰ轴的输入功率为

$$P_\mathrm{I} = P_d \eta_{带} \tag{2-9a}$$

Ⅱ轴的输入功率为

$$P_{\mathrm{II}} = P_{\mathrm{I}}\eta_{轴承}\eta_{齿轮}(= P_{\mathrm{d}}\eta_{带}\eta_{轴承}\eta_{齿轮}) \quad (2\text{-}9\mathrm{b})$$

Ⅲ轴的输入功率为

$$P_{\mathrm{III}} = P_{\mathrm{II}}\eta_{轴承}\eta_{齿轮}(= P_{\mathrm{d}}\eta_{带}\eta_{轴承}^2\eta_{齿轮}^2) \quad (2\text{-}9\mathrm{c})$$

Ⅳ轴的输入功率为

$$P_{\mathrm{IV}} = P_{\mathrm{III}}\eta_{轴承}\eta_{联轴器}(= P_{\mathrm{d}}\eta_{带}\eta_{轴承}^3\eta_{齿轮}^2\eta_{联轴器}) \quad (2\text{-}9\mathrm{d})$$

3. 各轴的输入转矩计算

电动机轴的输入转矩为

$$T_{\mathrm{d}} = 9550\frac{P_{\mathrm{d}}}{n_{\mathrm{m}}} \quad (2\text{-}10)$$

Ⅰ轴的输入转矩为

$$T_{\mathrm{I}} = 9550\frac{P_{\mathrm{I}}}{n_{\mathrm{I}}} \quad (2\text{-}11\mathrm{a})$$

Ⅱ轴的输入转矩为

$$T_{\mathrm{II}} = 9550\frac{P_{\mathrm{II}}}{n_{\mathrm{II}}} \quad (2\text{-}11\mathrm{b})$$

Ⅲ轴的输入转矩为

$$T_{\mathrm{III}} = 9550\frac{P_{\mathrm{III}}}{n_{\mathrm{III}}} \quad (2\text{-}11\mathrm{c})$$

Ⅳ轴的输入转矩为

$$T_{\mathrm{IV}} = 9550\frac{P_{\mathrm{IV}}}{n_{\mathrm{IV}}} \quad (2\text{-}11\mathrm{d})$$

注意：输出轴Ⅲ选择联轴器时所用转矩为Ⅲ轴的输出转矩，即 $T = T_{\mathrm{III}}\eta_{轴承}$。

最后，应将上述各轴的运动和动力参数的计算结果列于表 2-6，以方便查用。

表 2-6 各轴的运动和动力参数

参数	轴号				
	电动机轴	Ⅰ轴	Ⅱ轴	Ⅲ轴	Ⅳ轴
转速 n/(r/min)					
输入功率 P/kW					
输入转矩 T/(N·m)					
传动比 i					

例 2.1 图 2.9 所示为一带式输送机的运动简图。已知输送带的有效拉力 F=3000N，输送带速度 v=1.5m/s，卷筒直径 D=400mm。在室内常温下长期连续工作，载荷平稳，单向运转。三相交流电源电压为 380V。试按所给运动简图和条件，选择合适的电动机；计算传动装置的总传动比，并分配各级传动比；计算传动装置的运动和动力参数。

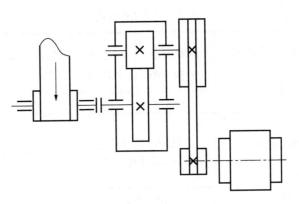

图 2.9 带式输送机的运动简图

解： 1. 选择电动机

(1) 选择电动机类型。按已知工作条件和要求，选用 Y 系列一般用途的三相异步电动机。

(2) 选择电动机的功率。由式(2-3)得工作机的输出功率为

$$P_\text{w} = \frac{Fv}{1000} = \frac{3000 \times 1.5}{1000} \text{kW} = 4.5 \text{kW}$$

查表 2-2，取 V 带传动效率 $\eta_\text{带}$=0.96，滚动轴承效率 $\eta_\text{轴承}$=0.99，8 级精度齿轮传动(油润滑)效率 $\eta_\text{齿轮}$=0.97，弹性联轴器效率 $\eta_\text{联轴器}$=0.99，输送带卷筒的效率 $\eta_\text{卷筒}$=0.96，则整个传动系统的总效率为

$$\eta_\text{总} = \eta_\text{带}\eta_\text{轴承}^3\eta_\text{齿轮}\eta_\text{联轴器}\eta_\text{卷筒} = 0.96 \times 0.99^3 \times 0.97 \times 0.99 \times 0.96 \approx 0.86$$

由式(2-2)可知，电动机的输出功率为

$$P_\text{d} = \frac{P_\text{w}}{\eta_\text{总}} = \frac{4.5}{0.86} \text{kW} \approx 5.2 \text{kW}$$

因载荷平稳，电动机额定功率 P_ed 只需略大于 P_d 即可。查附录 B 中"Y 系列电动机的技术参数"(表 B-1)，选电动机的额定功率 P_ed=5.5kW。

(3) 确定电动机转速。工作机卷筒轴转速为

$$n_\text{w} = \frac{60 \times 1000 v}{\pi D} = \frac{60000 \times 1.5}{3.14 \times 400} \text{r/min} \approx 71.66 \text{r/min}$$

由表 2-1 可知，V 带传动比范围 $i'_\text{带}$=2~4，单级圆柱齿轮传动比范围 $i'_\text{齿轮}$=3~5，则总传动比范围为 $i'_\text{总}$=(2×3)~(4×5)=6~20，可见电动机同步转速可选范围为

$$n'_\text{同} = i'_\text{总} n_\text{w} = (6 \sim 20) \times 71.66 \text{r/min} = 430.0 \sim 1433.2 \text{r/min}$$

符合这一范围的同步转速有 750r/min、1000r/min 两种，考虑质量和价格，由附录 B(表 B-1)选常用的同步转速为 1000r/min 的 Y 系列异步电动机，型号为 Y132M2-6，其满载转速 n_m=960r/min，电动机其他尺寸可查附录 B，结果填入表 2-7 中。

表 2-7 电动机参数

电动机型号	同步转速/(r/min)	额定功率 P_{ed}/kW	满载转速 n_m/(r/min)	中心高 H/mm	轴伸尺寸 $D×E$/(mm×mm)	键的尺寸 宽 F×深 G/(mm×mm)
Y132M2-6-B3	1000	5.5	960	132	38×80	10×33
外形尺寸 长 L×宽($\frac{1}{2}AC+AD$)×高 HD/(mm×mm×mm)			底脚安装尺寸 宽距 A×长距 B/(mm×mm)		地脚螺栓孔直径 K/mm	
515×347.5×315			216×178		12	

2. 计算传动系统的总传动比和分配各级传动比

(1) 传动系统总传动比为

$$i_{总} = \frac{n_m}{n_w} = \frac{960}{71.66} = 13.40$$

(2) 分配传动系统各级传动比。由图 2.8 可知，$i_{总} = i_{带}i_{齿轮}$，为使带传动的外廓尺寸不致过大，取传动比 $i_{带} = 2.8$，则齿轮传动比为

$$i_{齿轮} = \frac{i_{总}}{i_{带}} = \frac{13.40}{2.8} = 4.79$$

3. 计算传动系统的运动和动力参数

(1) 计算各轴转速。

Ⅰ 轴的转速为

$$n_{Ⅰ} = \frac{n_m}{i_{带}} = \frac{960}{2.8} \text{r/min} = 342.86 \text{r/min}$$

Ⅱ 轴的转速为

$$n_{Ⅱ} = \frac{n_{Ⅰ}}{i_{齿轮}} = \frac{342.86}{4.79} \text{r/min} = 71.58 \text{r/min}$$

(2) 计算各轴的输入功率。

Ⅰ 轴的输入功率为

$$P_{Ⅰ} = P_d \eta_{带} = 5.2 \text{kW} \times 0.96 = 4.99 \text{kW}$$

Ⅱ 轴的输入功率为

$$P_{Ⅱ} = P_d \eta_{带} \eta_{轴承} \eta_{齿轮} = 5.2 \text{kW} \times 0.96 \times 0.99 \times 0.97 = 4.79 \text{kW}$$

卷筒轴的输入功率为

$$P_w = P_d \eta_{带} \eta_{轴承} \eta_{齿轮} \eta_{轴承} \eta_{联轴器} = 5.2 \text{kW} \times 0.96 \times 0.99 \times 0.97 \times 0.99 \times 0.99 = 4.70 \text{kW}$$

(3) 计算各轴的输入转矩。

电动机轴的输入转矩为

$$T_d = 9550 \frac{P_d}{n_m} = 9550 \times \frac{5.2}{960} \text{N} \cdot \text{m} = 51.73 \text{N} \cdot \text{m}$$

Ⅰ轴的输入转矩为

$$T_{\text{I}} = 9550\frac{P_{\text{I}}}{n_{\text{I}}} = 9550 \times \frac{4.99}{342.86} \text{N} \cdot \text{m} = 138.99 \text{N} \cdot \text{m}$$

Ⅱ轴的输入转矩为

$$T_{\text{Ⅱ}} = 9550\frac{P_{\text{Ⅱ}}}{n_{\text{Ⅱ}}} = 9550 \times \frac{4.79}{71.58} \text{N} \cdot \text{m} = 639.07 \text{N} \cdot \text{m}$$

卷筒轴的输入转矩为

$$T_{\text{w}} = 9550\frac{P_{\text{w}}}{n_{\text{w}}} = 9550 \times \frac{4.70}{71.58} \text{N} \cdot \text{m} = 627.06 \text{N} \cdot \text{m}$$

计算结果填入表 2-6 中，以便设计传动零件时使用。

说明：关于各轴运动参数和动力参数的修正问题。

只要传动方案确定不变，上述各轴的输入功率就确定不变，而各轴的转速和输入转矩的计算都是以各级传动分配的传动比为依据进行的。随着带传动、各级齿轮传动等的设计计算结果的依次出现，原先分配的各级传动比一般都会发生改变。由此，各轴的转速、输入转矩都将不是上述的计算值了。

为了正确地进行轴的设计计算、滚动轴承的寿命计算、选择联轴器及键联接的强度计算，在每级传动件设计计算之后，或下一级传动件设计计算之前，都要对各轴的运动及动力参数进行修正。

在设计计算说明书等技术资料中，应直接显示修正后的正确数据，不显示有待修正的数据，也不显示修正过程。

针对本例情况，每次修正的内容、方法及应用情况列于表 2-8 和表 2-9 中。

表 2-8　在带传动设计计算之后，齿轮传动设计计算之前的修正

有关参数的修正			应用
系统的总传动比(不变)		$i_{总} = \dfrac{n_{\text{m}}}{n_{\text{w}}}$	
修改带传动传动比		$i_{带} = \dfrac{d_{\text{d2}}}{d_{\text{d1}}}$	
重新分配齿轮传动比		$i_{齿轮} = \dfrac{i_{总}}{i_{带}} = \dfrac{n_{\text{m}}/n_{\text{w}}}{d_{\text{d2}}/d_{\text{d1}}}$	齿轮传动设计计算
减速器的输入轴Ⅰ	输入功率(不变)	$P_{\text{I}} = P_{\text{d}}\eta_{带}$	(1) 初估输入轴的最小直径 (2) 验算输入轴上滚动轴承的寿命 (3) 输入轴上键联接的强度计算
	修改转速	$n_{\text{I}} = \dfrac{n_{\text{m}}}{i_{带}} = \dfrac{n_{\text{m}}}{d_{\text{d2}}/d_{\text{d1}}}$	
	修改输入转矩	$T_{\text{I}} = 9550\dfrac{P_{\text{I}}}{n_{\text{I}}}$	

表 2-9 齿轮传动设计计算之后的修正

有关参数的修正			应 用
系统的总传动比(不变)		$i_{总} = \dfrac{n_m}{n_w}$	验算输送带速度的相对误差 δ: $\delta = \left\lvert \dfrac{v - v_{实际}}{v} \right\rvert$ $= \left\lvert 1 - \dfrac{i_{总}}{i_{总(实际值)}} \right\rvert \leqslant 5\%$ 为合格
带传动传动比(已修正)		$i_{带} = \dfrac{n_m}{n_1} = \dfrac{d_{d2}}{d_{d1}}$	
修改齿轮传动比		$i_{齿轮} = \dfrac{z_2}{z_1}$	
系统的总传动比(实际值)		$i_{总(实际值)} = i_{带} i_{齿轮} = \dfrac{d_{d2}}{d_{d1}} \times \dfrac{z_2}{z_1}$	
减速器的输出轴Ⅱ	输入功率(不变)	$P_{Ⅱ} = P_1 \eta_{轴承} \eta_{齿轮}$	(1) 初估输出轴的最小直径 (2) 验算输出轴上滚动轴承的寿命 (3) 输出轴上键联接的强度计算
	修改转速	$n_{Ⅱ} = \dfrac{n_1}{i_{齿轮}} = \dfrac{n_m}{\dfrac{d_{d2}}{d_{d1}} \times \dfrac{z_2}{z_1}}$	
	修改输入转矩	$T_{Ⅱ} = 9550 \dfrac{P_{Ⅱ}}{n_{Ⅱ}}$	
	计算输出转矩	$T'_{Ⅱ} = T_{Ⅱ} \eta_{轴承}$	选择联轴器

第 3 章

传动零件的设计计算

传动零件设计计算的任务由设计任务书给出的运动简图确定，这里主要介绍带传动的设计计算和齿轮传动的设计计算。

3.1 普通 V 带传动的设计计算

1. 已知条件

(1) 设计任务书中给出的相关内容。

(2) 传动方案总体设计所得数据：$P=P_{ed}$, $n_1=n_m$, $i=i_{带}$（求 d_{d2} 时先按初分配的 $i_{带}$ 计算，求得 d_{d2} 之后把 $i_{带}$ 修正为 $i_{带}=\dfrac{d_{d2}}{d_{d1}}$，再按修正后的 $i_{带}$ 写出 d_{d2} 的算式）。

2. 设计内容及要求

(1) 确定 V 带的型号、基准长度 L_d（L_d 应取系列标准值）、根数 Z（$Z \leqslant 8$）。

(2) 确定带轮基准直径 d_{d1}、d_{d2} 及中心距 a（$d_d \geqslant d_{dmin}$ 且取标准值，$v=5 \sim 25 \text{m/s}$，$\alpha_1 \geqslant 120°$）。

(3) 计算带的初拉力 F_0 及对轴的压力 F_Q。

(4) 选择带轮材料、带轮结构设计。

① 小带轮：半径应小于电动机中心高，轮毂宽及孔径与电动机轴伸相适应，轮缘宽度根据 V 带型号和根数按公式计算。

② 大带轮：半径应小于减速器中心高；轮毂宽度 $L=(1.5 \sim 2)d$ 且比减速器输入轴轴伸长度多出 2mm，孔径 d 与输入轴轴伸直径一致；轮缘宽度根据 V 带型号和根数按公式计算。

设计计算可按所用《机械设计基础》教材提供的方法进行，具体内容、步骤见表 3-1。

表 3-1 V 带传动的设计计算

计算项目	计算内容及说明	主要计算结果
确定计算功率 P_c	查教材表 5-7 取工况系数 $K_A=$____ $P_c=K_AP=$____kW=____kW	
选择 V 带型号	根据 $P_c=$____kW 和小带轮转速 $n_1=n_m=$____r/min，由教材图 5.9 选取____型 V 带	____型 V 带
确定带轮基准直径 d_{d1}、d_{d2}	根据____型 V 带，查教材表 5-2，取 $d_{d1}=$____mm 大带轮基准直径 $d_{d2}=id_{d1}=$____mm=____mm 按教材表 5-2 取基准直径 d_{d2} 为____mm	$d_{d1}=$____mm $d_{d2}=$____mm
验算带速 v	$v=\dfrac{\pi d_{d1} n_1}{60 \times 1000}=$____m/s=____m/s 带速在 5~25 m/s 范围内，故符合要求 （若 v 不在要求范围内，应从 d_{d1} 开始修正）	$v=$____m/s

续表

计算项目	计算内容及说明	主要计算结果
确定传动中心距 a 和带的基准长度 L_d	1)初步确定中心距 a_0 由教材式(5-13)得，$0.7(d_{d1}+d_{d2}) \leqslant a_0 \leqslant 2(d_{d1}+d_{d2})$ ____mm $\leqslant a_0 \leqslant$ ____mm 取 $a_0=$____mm。 2)初算带长 L_{d0} $L_{d0} = 2a_0 + \dfrac{\pi}{2}(d_{d1}+d_{d2}) + \dfrac{(d_{d2}-d_{d1})^2}{4a_0}$ =_____mm=____mm 查教材表 5-6 选取带的基准长度 $L_d=$____mm 3)确定实际中心距 a $a = a_0 + \dfrac{1}{2}(L_d - L_{d0}) =$_____mm=____mm $a_{min}=a-0.015L_d=$_____mm=____mm $a_{max}=a+0.03L_d=$_____mm=____mm	$a=$____mm $L_d=$____mm
验算小带轮的包角 α_1	$\alpha_1 = 180° - \dfrac{57.3°}{a}(d_{d2}-d_{d1})$ =_____=____>120° 符合要求	$\alpha_1=$____°
确定 V 带根数 Z	根据 d_{d1} 和 n_1，查教材表 5-3 得 $P_0=$____kW 根据 $i=$____ 根据 $\alpha_1=$____，查教材表 5-5 得 $K_\alpha=$____ 根据 $L_d=$____mm，查教材表 5-6 得 $K_L=$____ $Z \geqslant \dfrac{P_c}{[P_0]} = \dfrac{P_c}{(P_0+\Delta P_0)K_\alpha K_L}$ =_____=____ 取 $Z=$_____	$Z=$____
计算初拉力 F_0	根据____型带，查教材表 5-1 得 $q=$____kg/m $F_0 = 500\dfrac{P_c}{Zv}\left(\dfrac{2.5}{K_\alpha}-1\right)+qv^2$ =_____N=____N	$F_0=$____N
计算作用于轴上的压力 F_Q	$F_Q = 2ZF_0 \sin\dfrac{\alpha_1}{2} =$_____N=____N	$F_Q=$____N
设计带轮结构	小带轮基准直径 $d_{d1}=$____mm，做成____式带轮。 大带轮基准直径 $d_{d2}=$____mm，做成____式带轮。 带轮的孔径按轴的设计确定，由教材图 5.6 中所示的带轮结构计算公式可确定其结构尺寸	

3.2 齿轮传动的设计计算

1. 已知条件

(1) 应用场合：用于带式输送机传动系统的减速器。机器载荷不大，冲击振动轻微，转速不高。

鉴于以上情况，采用闭式软齿面标准直齿圆柱齿轮传动即可满足需要。

(2) 传递的功率 P_1：P_1 是小齿轮1的输入功率，可由减速器输入轴的输入功率 P_I 求得，即

$$P_1 = P_I \eta_{轴承}$$

(3) 小齿轮的转速 n_1：$n_1 = n_I$（n_I 是减速器输入轴的转速）。

(4) 齿轮传动的传动比 i：$i = i_{齿轮}$。

2. 设计内容及要求

(1) 确定齿轮的材料、热处理方式及齿面硬度(对软齿面齿轮传动，一般应使小齿轮齿面硬度比大齿轮高 30~50HBW)。

(2) 确定齿轮传动的参数和几何尺寸[模数 $m \geqslant (1.5\sim2)$mm，且是第一系列标准值；闭式软齿面齿轮传动中，齿根弯曲强度需满足要求，故可适当增大 z_1，取 z_1=20~40，以增加传动的平稳性]。

(3) 确定齿轮传动的公差等级。

(4) 确定齿轮的结构形式，绘制齿轮零件图(注：在轴的设计之后进行)。

设计计算可按所用《机械设计基础》教材提供的方法进行，具体内容、步骤见表3-2。

表 3-2　齿轮传动的设计计算

计算项目	计算内容及说明	主要计算结果
选择齿轮的材料，确定许用应力	因为是一般减速器，且转速不高、载荷平稳，故选用闭式软齿面齿轮传动。为了简化制造，降低成本，查教材表7-6，选择小齿轮材料为____钢，____处理，硬度为____HBW；大齿轮材料为____钢，____处理，硬度为____HBW。输送机为一般机械，速度不高，查教材表7-5，选择____级精度	小齿轮材料用____；大齿轮材料用____
按齿面接触疲劳强度设计	软齿面闭式传动主要的失效形式为齿面点蚀。根据齿面接触疲劳强度，按教材式(7-13)计算齿轮分度圆直径，即 $$d_1 \geqslant \sqrt[3]{\left(\frac{3.52Z_E}{[\sigma_H]}\right)^2 \frac{KT_1(u\pm1)}{\psi_d u}}$$ 式中，按教材表7-8选弹性系数 Z_E=____；按教材表7-7选载荷系数 K=____；转矩 $T_1 = 9.55\times10^6 \frac{P_1}{n_1} =$ ____N·mm= ____N·mm；$u = i_{齿}=$ ____(这里注意是用第一次修正后的分配值)；查教材表7-6，取 $[\sigma_H]_1=$ ____MPa，$[\sigma_H]_2=$ ____MPa；由教材表7-12，取 $\psi_d=$ ____。代入后计算得 $d_1 \geqslant$ ____mm，取 $d_1=$ ____mm	$T_1=$ ____N·mm

续表

计算项目	计算内容及说明	主要计算结果
确定参数，计算主要几何尺寸	1) 齿数：取 z_1=____，则 $z_2=uz_1$=____=____。 2) 模数：$m=\dfrac{d_1}{z_1}$= ____mm。由教材表 7-2 取标准模数 m=____mm。 3) 实际中心距：$a=\dfrac{m}{2}(z_1+z_2)$=____mm 4) 齿宽：$b=\psi_d d_1=\psi_d mz_1$=____mm，取 $b_2=b$=____mm，$b_1=b_2+5$=____mm。 5) 大小齿轮主要几何尺寸： 分度圆直径： $$d_1=mz_1=\_\_\_\_\text{mm}$$ $$d_2=mz_2=\_\_\_\_\text{mm}$$ 齿顶圆直径： $$d_{a1}=d_1+2m=\_\_\_\_\text{mm}$$ $$d_{a2}=d_2+2m=\_\_\_\_\text{mm}$$ 齿根圆直径： $$d_{f1}=d_1-2.5m=\_\_\_\_\text{mm}$$ $$d_{f2}=d_2-2.5m=\_\_\_\_\text{mm}$$ 全齿高： $$h=2.25m=\_\_\_\_\text{mm}$$	m=____mm a=____mm b_1=____mm b_2=____mm d_1=____mm d_2=____mm d_{a1}=____mm d_{a2}=____mm d_{f1}=____mm d_{f2}=____mm h=____mm
校核齿根弯曲疲劳强度	大小齿轮的齿数和材质硬度不一样，故应该按教材式(7-14)分别校核。 由教材表 7-9 查得，齿形系数 Y_{F1}=____，Y_{F2}=____；应力修正系数 Y_{S1}=____，Y_{S2}=____。 查教材表 7-6，取许用弯曲应力 $[\sigma_F]_1$=____MPa，$[\sigma_F]_2$=____MPa。 $$\sigma_{F1}=\dfrac{2KT_1}{bm^2z_1}Y_{F1}Y_{S1}=\_\_\_\_\text{MPa}\leqslant[\sigma_F]_1$$ $$\sigma_{F2}=\sigma_{F1}\dfrac{Y_{F2}Y_{S2}}{Y_{F1}Y_{S1}}=\_\_\_\_\text{MPa}\leqslant[\sigma_F]_2$$ 所以两齿轮的齿根弯曲疲劳强度足够	两齿轮的齿根弯曲疲劳强度足够
验算齿轮的圆周速度	$v=\dfrac{\pi d_1 n_1}{60\times 1000}$=____m/s<____m/s，由教材表 7-5 可知，取____级精度合适。 因 v<12m/s，故选择齿轮传动的润滑方式为浸油润滑	v=____m/s
齿轮结构设计，绘制齿轮工作图	（以大齿轮为例） 由于 d_{a2}=____mm，大齿轮采用_____结构。齿轮轮毂孔的孔径 d_s 按轴的设计确定，由教材图 7.34 中所示的齿轮结构计算公式可确定其结构尺寸	小齿轮采用____结构； 大齿轮采用____结构

注意：在查齿形系数 Y_{F1} 等系数时，若因表格有限，表中没有该数据，常采用线性插值法做近似计算，在计算说明书中可简要写"查《机械设计基础》教材表×-×采用插值法得 Y_{F1}=××"。

下面举例说明线性插值法的具体应用。

例如，自变量 X 与因变量 Y 的关系在表格中列出了有限的对应值(见表 3-3)。

表 3-3　自变量 X 与因变量 Y 的对应值

自变量 X	10	15	21	33	…
因变量 Y	9	17	29	44	…

若求 $X=25$ 时的 Y 值，表 3-3 中没有，应在 $X=21\sim 33$ 之间进行插值计算。观察 Y 值规律是随 X 的增大而增大。故 Y 值是在 29 基础上加一个增量：$Y=29+\dfrac{44-29}{33-21}\times(25-21)=34$，其中 $\dfrac{44-29}{33-21}$ 是 X 有 1 个单位变化时 Y 的变化量，乘以(25-21)得 X 变化 4 个单位时 Y 的变化量。

第 4 章

减速器装配图的设计与绘制

装配图是表达机器的结构组成、零部件装配关系及机器工作原理的图样，是设计零件图及机器组装、调试、使用、维护等方面的主要依据。

课程设计环节，减速器装配图是表达设计成果的主要技术文件之一，因此通常是从设计和绘制装配图开始的。与抄、画装配图截然不同，减速器装配图的设计既包括零部件的结构作图，又包括校核计算。设计过程复杂，常常需要作图、计算、修改多次交叉反复，才能最终完成。因此，为了保证设计质量，初次设计时，应先绘制装配草图。所谓装配草图，实际上是装配图底稿图，严格按选定的比例绘制。只是因为需要不断地修改，所有图线均用细而淡的细实线绘制，故称为装配草图。

【参考图文】

装配草图设计完成之后，经过检查，再按规定的图线进行图形描深，并完成装配图上诸如尺寸标注、标题栏、序号、明细栏、技术要求、技术特性表等内容，成为正式的装配图。

在减速器装配图设计中，要遵守各项相关的标准。凡有标准的数据都要取标准值；凡有标准的结构都要选标准结构；所有图形的画法都要遵守机械制图等标准的规定。

减速器装配图设计的内容及顺序如下：

(1) 减速器装配草图设计的准备阶段：确定影响轴结构的各种因素。

(2) 减速器装配草图设计的第一阶段：进行轴的结构设计，完成轴、滚动轴承及键联接的校核计算。

(3) 减速器装配草图设计的第二阶段：进行轴上传动件及滚动轴承组合的结构设计。

(4) 减速器装配草图设计的第三阶段：完成箱体及其附件的设计。

(5) 检查装配草图，完成规范的装配图。

4.1 减速器装配草图设计的准备阶段

减速器装配图的设计，是从其中的轴的结构设计入手的。而轴的结构既受到传递的功率、转速的影响，又受到轴系各零部件的形状结构及定位、固定、装拆、润滑、密封等因素的影响，还受到减速器箱体某些结构、尺寸及轴上传动件、支承件相对于箱体的相对位置等因素的影响。

所有影响轴的结构的因素若不首先确定下来，轴的结构设计将无法进行。因此，首先确定影响轴的结构的诸因素，是轴的结构设计，乃至减速器装配图设计的前提条件。为了顺利进行轴的结构设计，在进行了轴的输入功率、转矩及转速、箱内齿轮传动设计计算的基础上，还须做好下面一系列准备。

4.1.1 确定箱体主要尺寸

减速器是用于原动机和工作机之间的封闭式机械传动装置，由封闭在箱体内的齿轮或蜗杆传动所组成,主要用来降低转速、增大转矩或改变转动方向。减速器的结构组成情况,依据功能需要,已经形成了多种固定形式。减速器的结构尺寸计算也已有了各种经验公式。课程设计中的减速器一般根据给定的设计条件和要求进行非标准化设计。此时,可借鉴前人的经验,按照给定的设计任务,合理地确定各部分结构的具体形式和相对位置,并计算其尺寸数值。因此,熟悉减速器的结构和尺寸,对设计新的减速器可起到事半功倍的作用。可以通过拆装实物减速器,观看3D视频,分析现有减速器的立体图、装配图(图4.1、图4.2)等方法熟悉减速器的构造和尺寸。

【参考视频】

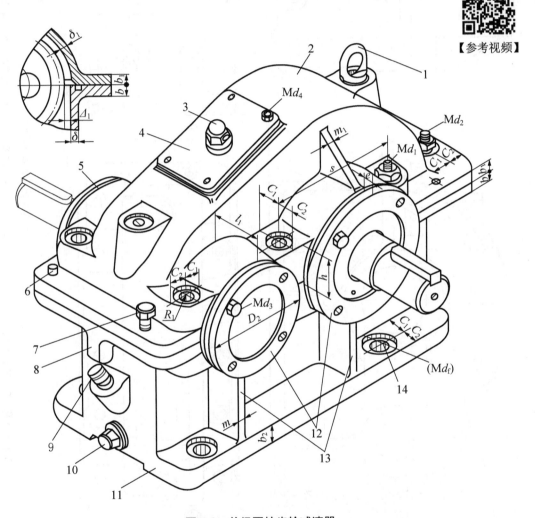

图4.1 单级圆柱齿轮减速器

1—吊环螺钉;2—箱盖;3—通气螺塞;4—视孔盖;5—调整垫片;
6—定位销;7—启盖螺钉;8—起重吊钩;9—油标;10—油塞;
11—箱座;12—轴承盖;13—外肋板;14—地脚螺栓孔

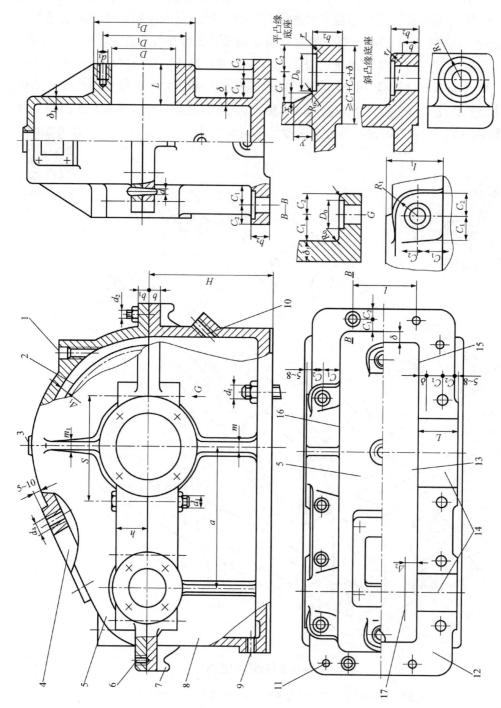

图 4.2 齿轮减速器箱体的结构尺寸

1—吊环螺钉孔；2—齿轮顶圆；3—定位销孔；4—视孔；5—箱盖；6—启盖螺钉孔；7—吊钩；8—箱座；9—油塞孔；10—油标孔；11—定位销孔；12—联接凸缘；13—油池；14—轴承座孔；15—箱内壁；16—箱外壁；17—小齿轮端面线

1. 减速器的结构

圆柱齿轮减速器可分为轴系部件、箱体及其附件三大组成部分。

1) 减速器的轴系部件

减速器的轴系部件是减速器的核心部分，主要包括箱内齿轮、轴和滚动轴承组合。

(1) 箱内齿轮。减速器中所有零部件服务的最终对象是箱内的齿轮传动。齿轮传动的有关参数决定了减速器的技术特性。

(2) 轴。轴与齿轮间用键联接，传递转动与转矩。同时轴上套装滚动轴承，被轴承支承。

(3) 滚动轴承组合。滚动轴承组合包括滚动轴承、轴承盖、密封装置与调整垫片等。

① 滚动轴承。滚动轴承与轴颈采用较紧的配合。外圈用较松的配合安装于箱体上的轴承座孔内，保证轴与齿轮定轴转动的精度。同时，轴承外圈被固定在箱体上的轴承盖顶住，实现轴及齿轮在减速器中的轴向位置固定不变。

② 轴承盖。轴承盖用不同方式固定在箱体上，顶住轴承外圈，承受轴系的轴向载荷，对轴系做轴向固定；借助于调整垫片，调整轴承间隙。按在箱体上固定方法的不同，轴承盖分为凸缘式和嵌入式两种。用螺钉固定在箱体上的轴承盖称为凸缘式轴承盖，如图 4.3(a) 所示；将其凸出的环状圆柱卡在箱体的圆槽内的轴承盖称为嵌入式轴承盖，如图 4.3(b) 所示。能让轴从其孔中伸到箱体外的轴承盖称为透盖，如图 4.3(a) 所示；中间无孔，不能让轴穿过，把轴端封在箱体内的轴承盖称为闷盖，如图 4.3(b) 所示。

③ 密封装置。在透盖孔中制出的密封结构或起密封作用的元件，统称为密封装置。密封装置既可防止外界的灰尘及水分等杂质进入箱内，又可以防止箱内的润滑剂外漏，如图 4.3(a) 所示。

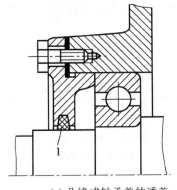 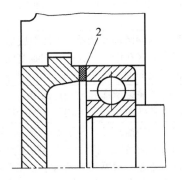 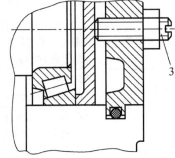

(a) 凸缘式轴承盖的透盖　　　　　(b) 嵌入式轴承盖的闷盖

图 4.3　轴承盖的结构形式

1—密封件；2—调整垫片；3—调整螺钉

④ 调整垫片。调整垫片一般由若干片软钢(如 08F)制成的薄片组成。改变调整垫片的厚度，即可调整滚动轴承的间隙。因垫片较薄，设计减速器时可以先不考虑其厚度。

2) 减速器的箱体

箱体是减速器中所有零部件的基座，是容纳、支承和固定轴承部件，保证齿轮传动精度的重要零件。同时箱体盛有润滑油，可为箱内齿轮及轴承提供良好的润滑条件。

齿轮减速器的箱体多用灰铸铁（HT150、HT200）铸造，有利于经济地获得合理和复杂的结构形状，保证箱体有足够的刚度，且容易切削加工。其缺点是生产周期长、质量大（约占减速器总质量的 50%），因此多用于成批生产。

箱体主体为圆弧拱顶的长方体空箱。为便于装拆其内部的轴承部件，箱体常做成剖分式。以通过轴的轴线的水平面为分界面将箱体剖开，上为箱盖，下为箱座。

为实现箱盖与箱座的联接，箱盖与箱座在剖分处都向四周加宽设置了凸缘。为实现箱座与机架或地面的联接，箱座底面处也向外设置了联接凸缘。

在安装滚动轴承处箱体上设置了有足够厚度的圆筒形轴承座，其内孔称为轴承座孔，安放滚动轴承。为了增加轴承旁螺栓联接的刚度，在轴承座旁边的箱盖、箱座上均设置了很高的凸台。为了增加轴承座的刚度，防止受力后因轴承座歪斜破坏齿轮啮合精度，在轴承座的下方及上方设置了起加强作用的肋板。

3) 箱体的附件

为了完善减速器的功能，在减速器箱体上设置的具有特定作用的局部结构及安装的零部件，统称为箱体的附件(详见表 4-1)。

表 4-1 箱体的附件

名称	作用
视孔与视孔盖	在箱内齿轮啮合处的上方对箱盖开的长方孔称为视孔。设置视孔是为了观察、检查箱内齿轮的啮合情况，以及便于向箱内注入润滑油。为了防止箱内润滑油飞溅出来，并阻止灰尘、杂质及水进入箱内，用一块称为视孔盖的长方板将视孔盖住。视孔盖用螺钉固定在箱盖上
通气装置	装在视孔盖上或箱盖最高处的通气器或通气塞、通气罩等，称为通气装置，其作用是当减速器箱内温度升高，气体膨胀，压力增大时，使膨胀气体随时从箱内自由逸出，从而保证箱体的密封性能，使箱内润滑油不向外漏
油标	油标用来检查箱内油面的高度，保证箱内齿轮传动的润滑，一般安放在箱座油面比较稳定且便于操作的一端
放油螺塞	为了排放箱内不清洁的润滑油及杂质，在油池底部的一端开一个带内螺纹的孔，称为油塞孔。平时用螺塞将油塞孔堵住，放油时把螺塞旋开。螺塞螺纹有圆柱、圆锥之分。若采用圆柱螺塞，为阻止漏油，还需加垫片(用工业皮革、石棉橡胶板制作)
定位销	为了保证每次拆装时箱盖轴承座孔与箱座轴承座孔符合整体镗孔时的位置，在箱盖与箱座的联接凸缘上，大致按对角线的方向配装两个圆锥定位销
启盖螺钉	在不允许加装任何垫片的情况下，为了保证箱盖、箱座结合面处的密封性，常在结合面上涂上一层水玻璃或密封胶。这样，箱盖与箱座会粘在一起，这给下次拆分箱盖造成很大不便。为便于拆卸箱盖，根据减速器大小，在箱盖联接凸缘处加工 1～2 个打通的螺孔。拆分时，将启盖螺钉旋入螺孔且一直向下旋拧，依靠螺纹副的相对运动，箱盖就会向上升起
起吊装置	为便于装拆或搬运箱盖，常在箱盖上铸出吊耳或吊钩，或装上吊环螺钉。为搬运箱座或整个减速器，在箱座联接凸缘两端向下铸出吊钩

2. 确定减速器铸造箱体的结构尺寸

减速器铸造箱体的结构尺寸基本上是以箱内齿轮传动的中心距 a 为原始数据，按相应的经验公式计算的。为给轴的结构设计和箱体设计提供依据，应当确定出箱体主要结构的尺寸，具体计算时可参考图 4.1、图 4.2 及表 4-2、表 4-3。

计算取值时应注意以下事项：

(1) 所有螺纹联接件的直径都要查取标准值。其他尺寸向大的方向就近取整数。有取值范围时，应在此范围内取定某一个数。

(2) 暂时不能计算的尺寸，等条件具备后再计算。

表4-2　减速器箱体的主要结构尺寸计算　　　　　　　　　　(单位：mm)

位置	名称	符号	经验公式及计算	取值
箱座	箱内齿轮传动的中心距	a		
	箱座壁厚	δ	$0.025a+1=$____$=$____(应$\geqslant 8$)	
	箱座凸缘厚度	b	$1.5\delta=$____$=$____	
	箱座底凸缘厚度	b_2	$2.5\delta=$____$=$____	
	地脚螺栓直径	d_f	$0.036a+12=$____$=$____	
	沉孔直径	D_0	查表4-3	
	通孔直径	$d_f{'}$	$1.1d_f=$____$=$____	
	地脚螺栓数目	n	$a<250$时，$n=4$；$a=250\sim 500$时，$n=6$；$a>500$时，$n=8$	
	d_f至箱外壁的距离	C_1	查表 4-3，$C_{1min}=$____	
	d_f至箱座底凸缘边缘的距离	C_2	查表 4-3，$C_{2min}=$____	
箱盖	箱盖厚度	δ_1	$0.02a+1=$____$=$____(应$\geqslant 8$)	
	箱盖凸缘厚度	b_1	$1.5\delta_1=$____$=$____	
	视孔盖螺钉直径	d_4	$(0.3\sim 0.4)d_f=$____$=$____	
轴承座处	轴承旁螺栓直径	d_1	$0.75d_f=$____$=$____	
	沉孔直径	D_0	查表4-3	
	通孔直径	$d_1{'}$	$1.1d_1=$____	
	d_1距箱外壁的距离(按箱座)	C_1	查表 4-3，$C_{1min}=$____	
	d_1到凸台边缘的距离	C_2	查表 4-3，$C_{2min}=$____	
	凸台半径	R_1	C_2	
	凸台高度	h	在输出轴轴承座外圆处作图设计确定，以便于扳手操作为准	
	箱外壁至轴承座端面的距离	l_1	$C_1+C_2+(5\sim 10)=$____$=$____	
	凸缘边缘从轴承座端面后退的距离		$(5\sim 10)$ mm	
	轴承座孔长度(箱内壁至轴承座端面)	L	$\delta+C_1+C_2+(5\sim 10)=$____$=$____	
	凸缘式轴承盖螺钉直径	d_3	$(0.4\sim 0.5)d_f=$____$=$____	
	d_3分布圆直径	D_0	轴承外径$D+2.5d_3$ 小轴承盖 $D_1=$____$=$____ 大轴承盖 $D_2=$____$=$____	
	凸缘式轴承盖外径(等于轴承座外径)	D_2	轴承外径$D+(5\sim 5.5)d_3$ 小轴承处 $D_2=$____$=$____ 大轴承处 $D_2=$____$=$____	
	凸缘式轴承盖厚度	e	$(1\sim 1.2)d_3=$____$=$____	
	嵌入式轴承盖轴承座外径(采用凸缘式轴承盖时不算此项)	D_2	$1.25\times$轴承外径$D+10=$____ 小轴承处 $D_2=$____$=$____ 大轴承处 $D_2=$____$=$____	

续表

位置	名称	符号	经验公式及计算	取值
盖和座两端凸缘处	盖、座凸缘两端螺栓直径	d_2	$(0.5 \sim 0.6)d_f$=____	=____
	沉孔直径	D_0	查表 4-3	
	通孔直径	d_2'	$1.1d_2$=____	=____
	d_2 至箱外壁的距离(按箱座)	C_1	查表 4-3,C_{1min}=____	
	d_2 至箱盖、箱座凸缘边缘的距离	C_2	查表 4.3,C_{2min}=____	
	d_2 的间距	l	$150 \sim 200$	
	定位销直径(小端)	d	$(0.7 \sim 0.8)d_2$=____ =____ (查圆锥销标准)	
	启盖螺钉直径	d_2		
	小齿轮端面至箱内壁的距离	Δ_2	$\geqslant \delta$ 或 $\geqslant 10 \sim 15$	
	大齿轮齿顶圆至箱内壁的距离	Δ_1	$\geqslant 1.2\delta$	

表 4-3 凸台与凸缘的结构尺寸(与图 4.1 和图 4.2 相对照)   (单位:mm)

螺栓直径	M6	M8	M10	M12	M14	M16	M18	M20	M22	M24	M27	M30
C_{1min}	12	14	16	18	20	22	24	26	30	34	38	40
C_{2min}	10	12	14	16	18	20	22	24	26	28	32	35
D_0	13	18	22	26	30	33	36	40	43	48	53	61
R_{0max}	5					8					0	
r_{max}	3					5				8		

注:在采用重系列滚动轴承等情况下,为了保证凸缘式端插入深度大于轴承宽度 B,轴承旁凸台的 C_1 值可取比 C_{min} 适当大一些的值。

4.1.2 确定影响轴结构的减速器润滑因素

齿轮减速器的润滑包括齿轮传动的润滑和滚动轴承的润滑。不同的润滑方式有不同的润滑结构。不同的润滑结构会对轴的结构产生不同的影响。因此,在进行轴的结构设计之前,必须把润滑因素确定下来。

1. 箱内齿轮传动的润滑

圆柱齿轮减速器中,齿轮传动的润滑方式主要有浸油润滑和喷油润滑两种。

1) 浸油润滑

当箱内齿轮圆周速度 v<12m/s 时,采用浸油润滑。

浸油润滑是将齿轮的一部分浸入润滑油中。齿轮传动时,沾在其上的润滑油被带到啮合处对齿轮润滑,同时还有一部分油因离心力被甩到箱壁上,起到散热作用。

如图 4.4 所示,齿轮浸油深度 H_1 约为一个齿高,但不得小于 10mm。为避免搅油损失过大,最大浸油深度不应超过浸油大齿轮分度圆半径的 1/3。

为避免搅油时油池底部的沉积物浮起加速齿轮磨损,大齿轮齿顶圆到油池底面的距离 H_2 应大于 30mm。

图 4.4 同时也表达了箱座底的结构尺寸及减速器中心高度 H 的计算方法,即

$$H = \frac{d_{a2}}{2} + H_2 + \delta + (3 \sim 5)$$

2) 喷油润滑

当齿轮圆周速度 v>12m/s 时,由于离心力过大,齿轮上沾的油大多被甩到箱体内壁上而不能到达啮合区。速度越高,搅油越剧烈,功率损失越大,并使油温升高而降低润滑油性能。剧烈的搅油还会搅起油池底部的沉渣,加速齿轮磨损。因此,不能采用浸油润滑,

而应采用喷油润滑,即用油泵将润滑油加压,通过压力油管上的喷嘴直接将油喷到啮合区,如图 4.5 所示。$v>25\text{m/s}$ 时应把喷嘴置于轮齿啮出一侧,以便及时冷却刚啮合过的轮齿;$v\leqslant 25\text{m/s}$ 时,喷嘴位置两侧均可。

喷油润滑也用于速度不高,但工作条件差、任务重的场合。

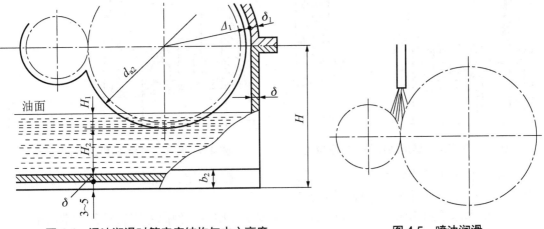

图 4.4　浸油润滑时箱座底结构与中心高度　　　　图 4.5　喷油润滑

2. 滚动轴承的润滑

圆柱齿轮减速器中,滚动轴承的润滑方式主要有脂润滑和油润滑两种。因它们的结构有差异,从而使轴的结构受到不同的影响。

1) 脂润滑

当箱内齿轮圆周速度 $v\leqslant 2\text{m/s}$ 或轴承的速度因数 $dn\leqslant 2\times 10^5 \text{mm}\cdot\text{r/min}$($d$ 为轴承内径,n 为转速)时,滚动轴承采用脂润滑。

采用脂润滑时,通常将润滑脂填入轴承室,装填量不应超过轴承室的 1/3~1/2。滚动轴承每工作 3~6 个月应补充一次新的润滑脂。每过一年,应拆开清洗,填充新脂。为了在不打开箱盖或轴承盖的情况下补充润滑脂,有的减速器设计了注油孔,如图 4.6 所示。

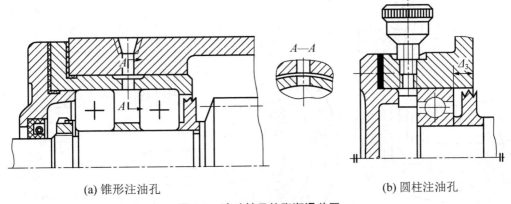

(a) 锥形注油孔　　　　　　　　　(b) 圆柱注油孔

图 4.6　滚动轴承的脂润滑装置

为了防止箱内齿轮传动的润滑油进入轴承,造成润滑脂稀释流出或变质,应在轴承靠近油池一侧设置挡油环封油。此时的挡油环常为铸造挡油环,其结构尺寸及安装要求如图 4.7 所示。为安装铸造挡油环,轴承内侧到油池(即箱体内壁)的距离 $\varDelta_3=10\sim 15\text{mm}$。

滚动轴承采用脂润滑时,既可使用凸缘式轴承盖,又可使用嵌入式轴承盖。但二者对应的轴外伸处轴段长度不同。采用凸缘式轴承盖时，因存在外露的凸缘，所以轴外伸处轴段较长；而嵌入式轴承盖因没有外露部分，所以轴外伸处的轴段较短，如图 4.8 所示。

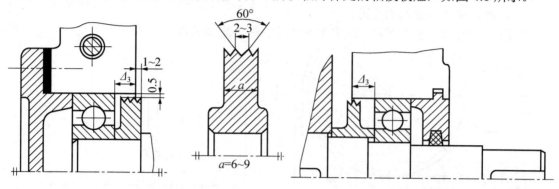

图 4.7　脂润滑时铸造挡油环及轴承位置　　　图 4.8　嵌入式轴承盖使轴外伸处变短

凸缘式轴承盖结构较为复杂，尺寸较大，需要螺钉固定。但因其密封性好，调节轴承间隙方便，不需要打开箱盖，故应用较多。

嵌入式轴承盖结构简单，尺寸较小，不需要螺钉固定。但因其密封性差，常需采用 O 形密封圈密封；调节轴承间隙需要打开箱盖，若不增加调整压盖和调节螺钉，只适用于深沟球轴承，故应用较少。

2) 油润滑

油润滑可细分为飞溅润滑和油雾润滑。

(1) 飞溅润滑。当箱内齿轮圆周速度 $v>2\sim3\text{m/s}$ 或轴承的速度因数 $dn>2\times10^5\text{mm}\cdot\text{r/min}$ 时，滚动轴承采用飞溅润滑。采用飞溅润滑时，齿轮甩溅到箱内壁上的润滑油被收集到箱座上表面的导油沟，通过导油沟和轴承盖上的导油口，将润滑油导入轴承，如图 4.9 所示。此时要注意，箱盖分箱面处要制出坡面(图 4.9)，另外轴承盖靠轴承处直径要小一些，以免油路堵塞，同时要开出导油口(图 4.10)。箱座凸缘上表面导油沟的形状、尺寸如图 4.11 所示。

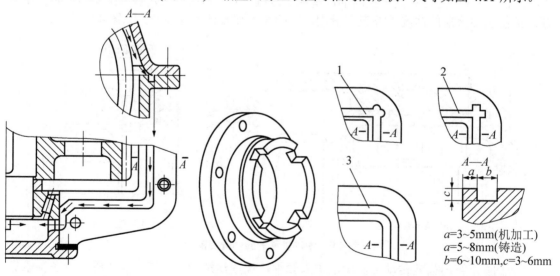

图 4.9　飞溅润滑系统　　　图 4.10　开口轴承盖　　　图 4.11　导油沟的形状、位置及尺寸

1—圆柱铣刀加工的油沟；
2—盘状铣刀加工的油沟；3—铸造油沟

当轴承采用油润滑时，如果靠近轴承的小齿轮，尤其是斜齿小齿轮的直径小于轴承座孔直径，为防止齿轮啮合时挤出的热油大量射入轴承，轴承靠近箱内壁的一侧也应安装挡油环。

在生产实际中，成批大量生产时一般采用薄钢板冲压成的挡油盘，其安装要求如图 4.12(a)所示；单件小批生产时采用车制的挡油环，其安装要求如图 4.12(b)所示。油润滑时，轴承内侧至箱内壁的距离 $\Delta_3=3\sim 5\text{mm}$。

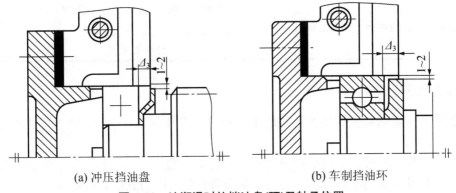

(a) 冲压挡油盘　　　　　　　(b) 车制挡油环

图 4.12　油润滑时的挡油盘(环)及轴承位置

(2) 油雾润滑。当箱内齿轮圆周速度 $v>3\text{m/s}$ 时，齿轮甩溅到箱体内壁上的油滴被碰碎形成油雾，油雾直接飞入轴承并起到润滑作用，这种润滑方式称为油雾润滑。油雾润滑时，箱座不用再开导油沟，轴承盖也不必开导油口。

轴承采用油润滑时，所用轴承盖应是凸缘式。

综上所述，减速器内齿轮传动的圆周速度不仅影响齿轮传动的润滑方式，而且影响轴承的润滑方式；滚动轴承又有不同形式的轴承盖。因此，滚动轴承的润滑方式及轴承盖的形式就构成了影响轴结构的两个润滑因素。图 4.13 所示为上述两个润滑因素对轴结构的影响。图 4.13 中上图显示脂润滑时轴分 6 段，而图 4.13 中下图显示油润滑时轴分 7 段；脂润滑时轴段 3 的长度大于油润滑时轴段 3 的长度；上图采用嵌入式轴承盖时轴段 2 的长度小于下图采用凸缘式轴承盖时轴段 2 的长度。

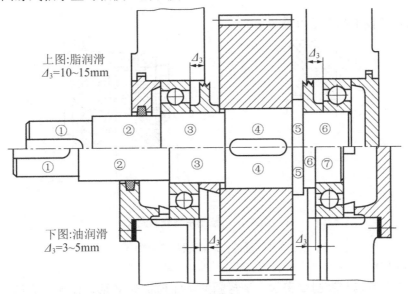

图 4.13　滚动轴承的润滑方式及轴承盖形式对轴结构的影响

为了便于后面轴的设计，润滑因素确定下来后将其内容列于表 4-4 中。

表 4-4　减速器润滑方式

润滑方式的选取
因＿＿＿＿＿＿＿＿＿＿＿＿＿＿＿＿，齿轮传动采用＿＿＿＿＿＿＿＿润滑；
因＿＿＿＿＿＿＿＿＿＿＿＿＿＿＿＿＿，滚动轴承采用＿＿＿＿＿＿＿润滑；
取轴承内侧到箱内壁的距离 Δ_3 = ＿＿＿＿＿＿＿＿＿＿＿＿＿＿＿ mm；
考虑＿＿＿＿＿＿＿＿＿＿＿＿＿＿＿＿＿＿＿，轴承盖采用＿＿＿＿＿＿＿＿＿＿式

4.1.3　确定减速器的密封方式

减速器的密封结构主要是指轴与透盖之间防止箱内润滑油外漏或防止箱外灰尘、杂质侵入箱内的结构。

从透盖伸出的轴段的直径必须符合相应密封结构的尺寸。因此，在轴的结构设计之前应该事先选定减速器的密封方式，为确定从透盖外伸轴段的直径提供依据。

减速器的密封方式分为接触式密封和非接触式密封两种。

1. 接触式密封

接触式密封有毡圈密封和橡胶油封两类。

1) 毡圈密封

毡圈密封是将矩形截面的松软毡圈塞入透盖内的梯形截面环状槽内，并将轴抱紧形成的密封，如图 4.14(a)所示。图 4.14(b)所示为用压板压在毡圈上，以便于调整径向密封力和更换毡圈。

毡圈密封结构简单，成本低，但相对运动的接触面磨损较快，寿命短，密封效果差。

毡圈密封适用于密封处轴的圆周速度 $v<5m/s$，工作温度$<90℃$，滚动轴承采用脂润滑时的场合。

毡圈油封的技术标准见附录表 F-1。

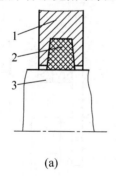
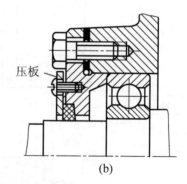

图 4.14　毡圈密封安装图

1—透盖；2—毡圈；3—轴

2) 橡胶油封

橡胶油封又称唇形密封圈密封。密封圈的截面形状有 V 形、U 形、Y 形、L 形和 J 形等多种，其中 J 形橡胶密封圈最为常用。J 形密封圈的安装有方向性。若以防漏油为主，密封圈的唇边应对着箱内[图 4.15(a)]；若以防止外界灰尘、杂质侵入为主，唇边应对着箱外[图 4.15(b)]；若以上两者均要求较高，需将两个密封圈反向安装[图 4.15(c)]。为使密封圈安装方便，可将轴上密封圈端加工出 15°的锥面[图 4.15(a)]。

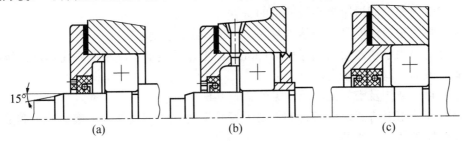

图 4.15 J 形橡胶油封的安装方向

橡胶油封有内包骨架和无骨架两类，利用唇形部分的弹簧圈的箍紧作用实现密封，密封效果较好。

橡胶油封适用于密封处轴的圆周速度 $v<8m/s$，工作温度在$-40\sim+100$℃，滚动轴承采用脂润滑或油润滑时的场合。

J 形无骨架橡胶油封的技术标准见附录表 F-2。

唇形油封圈的形式、尺寸及安装要求见附录表 F-3。

另外，当采用嵌入式轴承盖时，为了保证减速器的密封性能，在透盖、闷盖与箱体之间一般还应采用 O 形橡胶密封圈密封，这是两静止件之间的接触密封。

O 形橡胶密封圈密封的技术标准见附录表 F-4。

2. 非接触式密封

常用的非接触式密封有油沟密封和迷宫密封两种。

1) 油沟密封

油沟密封(又称间缝密封)是利用透盖孔内的环状油沟和轴与透盖孔之间的微小间隙内充满润滑脂实现密封的。其间隙越小，密封效果越好，如图 4.16 所示。

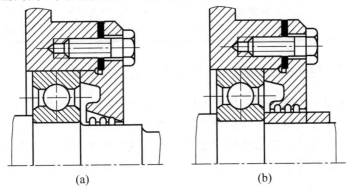

图 4.16 油沟密封

油沟密封结构简单，成本低，但不够可靠。

油沟密封适用于密封处轴的圆周速度 $v<5m/s$，工作温度低于润滑脂融化温度，滚动轴承采用脂润滑时的场合。

油沟密封槽的尺寸见附录表 F-5。

2) 迷宫密封

迷宫密封是在与轴一起转动的零件和静止的透盖之间制造出曲折的轴向间隙和径向间隙，并在间隙内充满润滑脂来实现密封的。

迷宫密封的密封性能高，但结构复杂，制造和装配要求高。

迷宫密封适用于接触处圆周速度 $v<30m/s$，工作温度低于润滑脂融化温度，滚动轴承采用脂润滑或油润滑时的场合。

迷宫密封的结构及密封槽的尺寸见附录表 F-6。

选择减速器密封方式，应考虑的主要因素是密封处的圆周速度、滚动轴承润滑剂的种类，以及环境条件、工作温度等。

同一减速器各轴外伸处密封方式相同，因此可按输入轴条件进行计算、选择，也可按输出轴条件进行计算、选择。

当各轴最小直径初估出来之后，应选择减速器密封方式，并确定各轴密封轴段的直径。为了便于后面轴的设计，可将此内容列于表 4-5 中。

表 4-5　减速器密封方式

计算项目	计算内容及说明	主要计算结果
(1) 选择减速器密封方式		
已初估输入轴最小直径	$d_{min}=$_____	
输入轴密封处直径范围	d_2 轴段需要给 d_{min} 轴段的零件提供定位轴肩，因此 $d_2=d_{min}+2h=d_{min}+2\times(0.07\sim 0.1)d_{min}$ 然后根据所用密封结构确定 $d_2=$ ___	
输入轴密封处圆周速度	$v=\dfrac{\pi d_2 n_1}{60\times 1000}=$ _____ = _____	
已知轴承润滑方式	滚动轴承采用 _____ 润滑	
减速器密封方式选择	根据 $v=$ _____ 及 _____ 润滑，选择 _____ 密封	减速器用 _____ 密封
(2) 输入轴密封段直径	根据 $d_{min}=$ _____ 及 _____ 密封，查得 $d_2=$ _____	输入轴 $d_2=$
(3) 输出轴密封段直径	根据 $d_{min}=$ _____ 及 _____ 密封，查得 $d_2=$ _____	输出轴 $d_2=$

4.1.4　初估轴的最小直径、选择联轴器并确定轴伸长度及位置

圆柱齿轮减速器中的轴都是中间粗两端细的阶梯轴。阶梯轴伸到箱体的最外端轴段称为轴伸。轴伸的直径总是最小。确定轴伸的直径、长度及位置是轴的结构设计的起始与参照，必须首先解决。另外，如果轴伸安装联轴器，轴的最小直径及对应的长度必须符合联轴器的尺寸标准。此时应把初估轴的最小直径和选择联轴器紧密联系，统筹解决。

1. 初估轴的最小直径

(1) 选择轴的材料。对减速器尺寸无严格要求的中、小型减速器中的轴，常选 45 钢调质。

(2) 依据公式

$$d_{\min} \geqslant \sqrt[3]{\frac{9.55 \times 10^6 P}{0.2[\tau]n}} = \sqrt[3]{\frac{9.55 \times 10^6}{0.2[\tau]}} \sqrt[3]{\frac{P}{n}} = C\sqrt[3]{\frac{P}{n}}$$

式中，n——轴的转速(r/min)；
P——轴传递的功率(kW)；
C——与许用切应力$[\tau]$有关的系数，其值查《机械设计基础》教材中的表 9-3。

计算最小轴径时，若该处有一个键槽，则直径的计算值应加大 3%～5%；若有两个键槽，则应加大 7%～10%，然后圆整至标准值(查附录表 C-1)。

(3) 若 $d_{\min}$ 轴段安装联轴器，必须把 $d_{\min}$ 转化为联轴器孔径范围内的值。应当注意，初估的 $d_{\min}$ 及由其得出的其他各轴段直径，只有通过强度校核才能确定是否可行。若不行，则需进行修正。

2. 选择联轴器

选择联轴器包括选择联轴器的类型和型号。

选择联轴器的类型，主要依据被联两轴的对中程度及冲击振动情况，其次依据载荷大小。一般在传动系统中有两处用到联轴器：①当减速器输入轴(高速轴)与电动机用联轴器联接时，因输入轴转速高，转矩小，为减小起动载荷，缓和冲击，应选具有较小转动惯量，具有弹性元件的弹性套柱销联轴器或弹性柱销联轴器。其中弹性柱销联轴器承载能力大，轴孔直径小；而弹性套柱销联轴器承载能力小，轴孔直径大。②当减速器输出轴(低速轴)与工作机用联轴器联接时，由于输出轴的转速较低，传递转矩较大，减速器与工作机常不安装在同一底座上，被联两轴的轴线常有较大的综合位移，工作机常有不同的冲击振动，故常选用既能补偿两轴位移，又能缓冲吸振、可传递较大转矩的弹性柱销联轴器。若工作机载荷平稳，没有冲击振动，可选用能补偿两轴位移的无弹性元件的挠性联轴器，如齿式联轴器等。若减速器与工作机安装在同一底座上，被联两轴能严格对中，且工作机载荷平稳，没有冲击振动，可选择刚性联轴器，如凸缘联轴器等。

对于标准联轴器，主要按传递转矩的大小和转速选择型号，在选择时还应注意联轴器的孔型和孔径与轴上相应结构、尺寸要一致。常用联轴器的标准见附录表 C-1。

选择计算可按《机械设计基础》教材提供的方法进行，具体内容、步骤见表 4-6。

表 4-6 选择联轴器

计算项目	计算内容及说明	主要计算结果
选择输出轴与工作机之间的联轴器类型	由于输出轴的转速较低，传递转矩较大；减速器与工作机常不安装在同一底座上，被联两轴的轴线常有较大的综合位移；工作机常有不同的冲击振动，故常选用既能补偿两轴位移，又能缓冲吸振、可传递较大转矩的联轴器	类型：_____联轴器
选择联轴器的型号	计算转矩，由教材表 12-1 查取 $K=$____，按教式(12-1)计算得 $T_c = KT = K \times 9550 \dfrac{P}{n} =$____N·m=____N·m 按计算转矩、转速和轴径，查附录表 C-4，选用_____型弹性柱销联轴器。其公称转矩为 $T_n=$____N·m，许用转速$[n]=$____r/min，允许轴径有____mm、____mm、____mm、____mm 几种，满足 $T_c \leqslant T_n$、$n \leqslant [n]$ 和联接直径 $d_{\min}=$____mm 的要求，故所选联轴器合适	型号：____

3. 确定轴伸的长度及位置

如前所述，伸到减速器外面，具有最小直径，长为 l' 的轴段称为轴伸，如图 4.17 所示。轴伸相对于减速器的位置由其定位轴肩到轴承盖外侧的距离 Δ_4 确定。

事先确定 d_{min}、l' 及 Δ_4 既是轴的结构设计的起始依据，又是计算减速器总宽、确定减速器装配图比例的依据。

1) 轴伸长度 l' 的确定

(1) 为保证轴端零件轴向固定牢靠，应使 l'=轮毂宽度 B－2mm，如图 4.18 所示。

装带轮时，一般取 $B=(1.5～2)d_{min}$。

装齿轮时，可取 $B=b_1$ 或 b_2。

装联轴器时，$B=L$。

(2) l' 应取标准轴伸长度，见附录表 A-6。

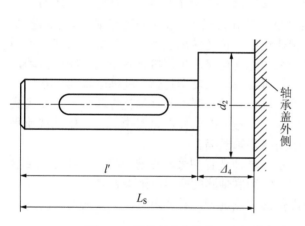

图 4.17 轴伸长度及位置

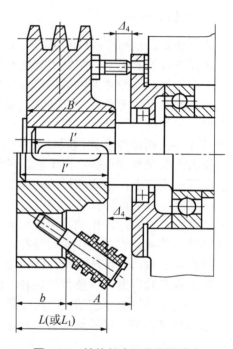

图 4.18 轴伸长度及位置的确定

2) Δ_4 的确定

相对位置尺寸 Δ_4 的大小影响轴段长度。Δ_4 的大小与轴端零部件结构及轴承盖结构有关。

(1) 采用凸缘式端盖时，Δ_4 主要考虑装拆端盖螺钉所需空间，一般取 Δ_4=(15～20)mm。如图 4.18 上部所示。若轴端零件最大直径小于螺钉分布直径，或者采用嵌入式端盖，Δ_4 取值可小一些，一般取 Δ_4=(10～15)mm。

(2) 若安装弹性套柱销联轴器，Δ_4 主要考虑安装弹性套及柱销所需的空间，如图 4.18 下部所示。此时，$\Delta_4=b+A-L$。

为了便于后面轴的结构设计，l' 及 Δ_4 确定下来后将其内容列于表 4-7 中。

表 4-7　确定轴伸的长度及位置

计算项目	计算内容及说明	主要计算结果
(1) 输入轴轴伸长度 l' 及 Δ_4 　　带轮轮毂宽度 　　取标准轴伸长度 　　间距 Δ_4	$B=(1.5\sim2)d_{min}=$＿＿＿＿$=$＿＿＿$\sim$＿＿＿ 按 $l'=B-2$，取标准轴伸 $l'=$＿＿＿ 因采用＿＿＿＿式端盖，取 $\Delta_4=$＿＿＿	$l'=$＿＿＿ $\Delta_4=$＿＿＿
(2) 计算输出轴轴伸长度 l' 及 Δ_4 　　联轴器轴孔长度 　　输出轴的轴伸长度 　　相对位置尺寸 Δ_4	$L=$＿＿＿ 按 $l'=L-2$，取标准轴伸 $l'=$＿＿＿ 因采用＿＿＿式端盖，取 $\Delta_4=$＿＿＿	$l'=$＿＿＿ $\Delta_4=$＿＿＿

4.1.5　初选滚动轴承

若选择的滚动轴承不同，则安装轴承的轴颈直径也不同。因此，在轴的结构设计之前还必须初步选择滚动轴承。

选择滚动轴承，包括选择滚动轴承的类型和尺寸两方面的内容。

1. 滚动轴承的类型选择

在圆柱齿轮减速器中，若采用直齿轮传动，没有轴向力，一般选用深沟球轴承；载荷较大时，可选择圆柱滚子轴承。若采用斜齿轮传动，因有轴向力，转速较高、载荷不大时，可选择角接触球轴承；转速低、载荷较大时，可选择圆锥滚子轴承。

2. 滚动轴承的尺寸系列选择

为适应不同承载能力的需要，滚动轴承有不同的尺寸系列。初选滚动轴承时，一般选择承载能力居中的尺寸系列。后面通过寿命计算，若寿命余量过高，为提高经济性，则向承载能力较低的尺寸系列修正；若寿命不足，则应向承载能力较高的尺寸系列修正。

对于深沟球轴承和角接触球轴承，一般初选(0)2 尺寸系列。对圆锥滚子轴承，一般初选 03 尺寸系列。

3. 滚动轴承的内径尺寸选择

滚动轴承的内径等于与之配合的轴颈的直径，由轴的最小直径推算得出。

对一级圆柱齿轮减速器的输入轴和输出轴上的滚动轴承，一般安装在从最小直径算起的第三轴段。轴承内径等于 d_3，如图 4.19 所示。

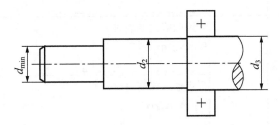

图 4.19　滚动轴承在轴上的位置及其内径

d_3 推算过程如下：

左起第一段直径为 d_{min}，已初步确定。

第二段，为轴伸零件提供定位轴肩，$d_2=d_{min}+2\times(0.07\sim0.1)d_{min}$，且 d_2 取与密封件对应的数值。

第三段，为便于轴承装拆，$d_3=d_2+(1\sim5)$mm，且 d_3 的个位数一般为 0 或 5，由此确定 d_3，即滚动轴承内径 d。

为便于后面的作图与计算，依据滚动轴承代号，查阅相应轴承标准，将所选滚动轴承的相关技术数据列于表 4-8。

表 4-8 所选滚动轴承的有关技术数据

轴承位置	轴承代号	内径 d/mm	外径 D/mm	宽度 B/mm	安装尺寸 d_a/mm	基本额定动载荷 c_r/kN	基本额定静载荷 C_{or}/kN
输入轴Ⅰ上							
输出轴Ⅱ上							

4.1.6 确定装配图的表达方案、作图比例及视图布局定位

(1) 估算单级圆柱齿轮减速器总体尺寸，见表 4-9。

表 4-9 估算单级圆柱齿轮减速器总体尺寸

项目名称		符号	估算依据	估算值/mm
高度	箱盖高	H_1	$H_1\geq\dfrac{d_{a2}}{2}+\varDelta_1+\delta_1=$_____	
	箱座高(中心高)	H	$H=\dfrac{d_{a2}}{2}+(30\sim50)+\delta+(3\sim5)$(图 4.4) =_____ =_____	
	减速器总高	H_t	$H_t=H_1+H=$	
宽度	箱体宽度的一半	W_b	$W_b=\dfrac{b_1}{2}+\varDelta_2+L=$_____ =_____ (此处 b_1 为小齿轮宽度)	
	箱体宽度对称线到高速轴轴端的距离	W_1	采用凸缘式端盖时 $W_1=W_b+e+\varDelta_4+l'$ =_____ =_____ 采用嵌入式端盖时 $W_1=W_b+\varDelta_4+l'$ =_____ =_____	
	箱体宽度对称线到低速轴轴端的距离	W_2	采用凸缘式端盖时 $W_2=W_b+e+\varDelta_4+l'$ =_____ =_____ 采用嵌入式端盖时 $W_2=W_b+\varDelta_4+l'$ =_____ =_____	
	减速器总宽	W_t	$W_t=W_1+W_2=$_____	

续表

项目名称		符号	估算依据	估算值/mm
减速器总长	右式将总长分为左、中、右三段尺寸，可直接用于左、右方向的视图定位	L_t	$i_{齿轮} \leq 4$ 时 $L_t \approx (\dfrac{d_{a1}}{2} + \Delta_1 + \delta + C_1 + C_2) + a + (\dfrac{d_{a2}}{2} + \Delta_1 + \delta + C_1 + C_2)$ =_____ =_____ $i_{齿轮} > 4$ 时 $L_t \approx \dfrac{d_{a2}}{2} + a + (\dfrac{d_{a2}}{2} + \Delta_1 + \delta + C_1 + C_2)$ =_____ =_____	

(2) 确定表达方案、作图比例及视图布局定位。

① 减速器装配图一般采用主、俯、左三个基本视图，并采用 A1 幅面，视图布局与定位如图 4.20 所示。

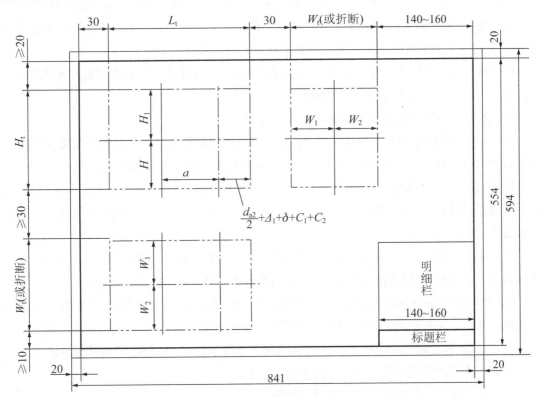

图 4.20　减速器的视图布局与定位

② 按 $\dfrac{554-(20+30+10)}{H_t + W_t}$ 选择作图比例。最好选 1∶1 或 1∶2 的比例。若图框上、下方向尺寸稍有欠缺，俯视图中输入轴和输出轴的轴伸可采用折断画法；若该尺寸剩余较多，可适当加大上、中、下的预留尺寸。

4.2 减速器装配草图设计的第一阶段

这一阶段主要是按选定比例画出轴的相关零部件的轮廓及相对位置。

轴的结构与周围众多零部件的结构及相对位置有密切的关系。事先画出相关零部件的轮廓及相对位置，是顺利进行下一步轴的结构设计的前提。

根据设计任务书的传动简图和前面的准备，按顺序作图如下：

(1) 画出箱体宽度方向的对称线及两轴轴线。

(2) 以箱体对称线为基准，画出相啮合的大、小齿轮(依据 b_1、b_2、d_1、d_2、d_{a2})。

(3) 画箱体内壁。

① 从小齿轮前、后端面起分别向外，以 Δ_2 为距离画出箱体前后内壁。

② 从大齿轮齿顶线(主视图上为齿顶圆)起向右，以 Δ_1 为距离画箱体右边内壁线。

(4) 画轴承座孔的外端面。分别从箱体前、后内壁起向外，以轴承座孔宽度 $L[=\delta+C_1+C_2+(5\sim10)]$ 为距离画出前、后轴承座孔外端面线。

(5) 画大小轴承座孔。分别以大、小轴承的外径 D 为直径，在箱内壁线与轴承座孔外端面线之间画出大、小轴承座孔的轮廓线。

(6) 在大、小轴承座孔内分别画出大、小轴承轮廓。

① 从箱内壁线起向外，以选定的 Δ_3 为距离，分别画出大、小轴承的内端面(靠近箱内壁的端面)线。注意，因 Δ_3 相同，故大、小轴承的内端面线在同一直线上。

② 分别以大、小轴承内端面线起再向外，分别以大、小轴承的宽度为距离画出大、小轴承外端面(离箱内壁远的端面)线。注意，因两轴承宽度不同，故两轴承外端面线不在同一直线上。

(7) 画轴承盖。从大、小轴承座孔外端面起向外，以凸缘式端盖凸缘厚 e、外径 D_2 为依据画出大、小轴承盖(透盖和闷盖)。若采用嵌入式轴承盖，则无此项作图。

(8) 画两轴的箱外轴肩及轴端面。分别以输入轴、输出轴的轴伸长度 l' 和轴肩位置 Δ_4 为依据，从轴承盖外侧起向外画出两轴的箱外轴肩位置和最小直径轴段的端面位置。

图 4.21 所示为这一阶段所绘制的单级圆柱齿轮减速器(凸缘式端盖)的装配草图。

说明：在绘制装配草图(一)时应注意以下几点。

(1) 三视图中以俯视图为主，兼顾主视图。

(2) 高速级小齿轮齿顶圆处的箱体内壁线涉及箱体结构，暂不画出，留到画主视图时再画。

(3) 在箱体结构及附件设计之前，俯视图中是不出现局部外形图的。这里画了局部外形图，是为了进一步说明轴承座孔宽度 L 的构成及 δ、C_1、C_2、$(5\sim10)$ 的意义，以便于后面计算各轴段长度等。

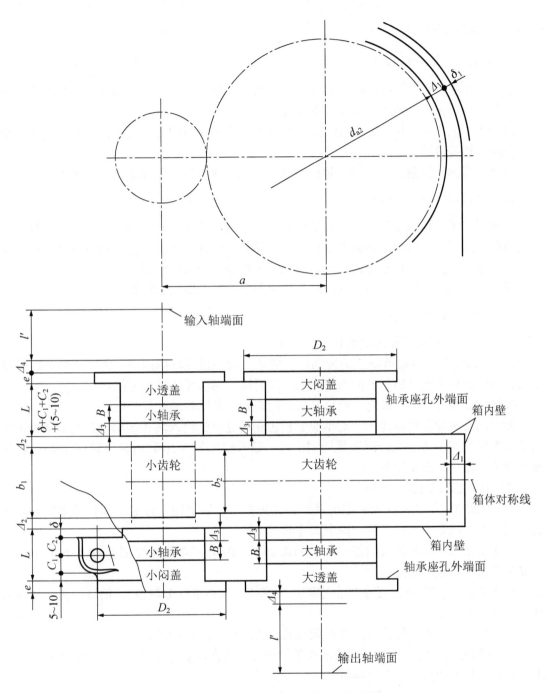

图 4.21 单级圆柱齿轮减速器装配草图(一)

4.3 减速器装配草图设计的第二阶段

这一阶段的主要工作是进行轴的结构设计，完成轴、滚动轴承及键联接的校核计算。

4.3.1 轴的结构设计

1. 轴的结构设计的内容

(1) 确定轴上传动件及轴承的装入方向,从便于轴上零件定位、固定、装拆等方面考虑,对轴进行分段,并确定各段直径和长度。

(2) 确定轴上主动力及支反力的作用点位置,计算相邻两力作用点的间距,为下一步轴的强度校核提供准备。

轴上的圆角、倒角、退刀槽、越程槽等小结构,放在轴的零件图设计时考虑。

2. 轴的结构设计的方法

先在草稿纸上单独设计每一根轴的结构。此时可不按比例作草图,但必须详细标出所有的原始依据尺寸,以便于计算各轴段尺寸。待轴、轴承及键联接的校核计算通过后,再把确定下来的轴的结构按选定的比例抄画在装配草图的俯视图位置。

采用这样的方法在设计轴的结构时可以保证装配草图图面比较整洁。

3. 轴的结构设计的步骤

1) 对轴分段并确定各轴段的直径和长度

(1) 轴的分段。减速器轴上的传动件一般是从最小直径轴段向内装入、靠轴肩或轴环定位;而滚动轴承则分别从轴的两端装入,靠套筒、挡油环或轴肩定位。

根据轴上零件定位、固定、装拆及加工的需要,可以对轴进行分段。

参照已有装配图可以得知,对单级圆柱齿轮减速器的输入轴和输出轴,当滚动轴承采用油润滑时均可分为七段;而采用脂润滑时,输入轴可分为五段(齿轮轴时)或六段,输出轴可分为六段,如图 4.22 所示。

(2) 确定各轴段直径的要点。

① 考虑轴上传动件及轴承定位及装拆的需要,一般把轴设计成中间粗两端细的阶梯状。设计时,从最小直径入手,向中间逐渐增大。

对于定位轴肩,两侧直径差可在 5~10mm 中确定,或轴肩高度取 $h=(0.07\sim0.1)d$,其中 d 为轴肩一侧较小的直径。

对于非定位轴肩(考虑便于轴上零件装拆或按不同要求区分轴段),轴肩两侧直径差可在 1~5mm 选取。

滚动轴承定位轴肩的直径,查轴承标准中的安装尺寸 d_a 即可。

② 与联轴器、密封件、滚动轴承相配的轴段,其直径要符合相应标准的要求;同一轴上两轴承处轴颈的直径一般应相等。

(3) 确定各轴段长度的要点。

① 轴段的长度要保证轴上零件固定牢靠,定位准确。为使轴上传动件固定牢靠,应使齿轮轮毂宽度 B 比相配轴段长度 l 大 2~3mm。

② 轴段的长度要利于轴上零件的拆卸。如图 4.23(a)所示,挡油环与齿轮靠得很近,造成挡油环与轴承无法拆卸。为便于它们的拆卸,可把轴头长度 l 增大为图 4.23(b)中的 l'。在圆柱齿轮减速器中若不能采取上述方法,可通过增大 $\mathit{\Delta}_2$、修改装配草图(一)加以解决。

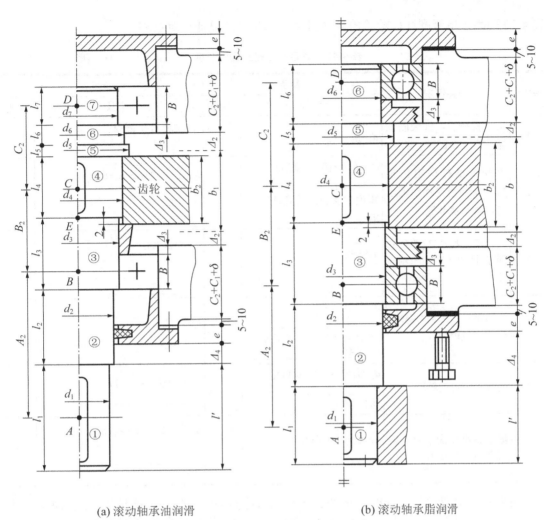

(a) 滚动轴承油润滑　　　　　　　(b) 滚动轴承脂润滑

图 4.22　单级圆柱齿轮减速器输出轴的分段

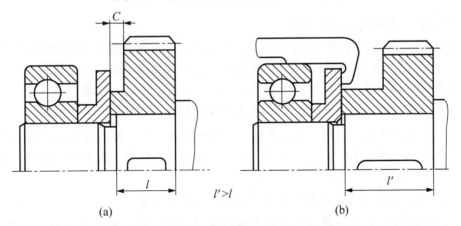

图 4.23　轴段的长度要利于轴上零件的拆卸

设计计算：根据设计任务书传动简图及设计减速器装配草图的前期准备，在装配草图(一)的基础上，计算与画图相结合，确定各轴段直径和长度，并及时将计算结果列成表格。

表 4-10 列举了单级圆柱齿轮输出轴各段直径和长度的设计计算过程。

表 4-10　确定各轴段直径和长度　　　　　　　　　　（单位：mm）

轴段	有关情况	直径 计算	直径 取值	长度 计算	长度 取值
1	最小直径段，安装联轴器，有一个键槽	$d_1=d_{\min}=$ ___		$l_1=$ 联轴器孔长-2 $=$ ___	
2	为联轴器提供定位轴肩，安装密封件和轴承盖，轴承从其通过	$d_2=d_1+2\times(0.07\sim0.1)d_1$ $=$ ___ $=$ ___ 再根据密封结构查表确定 $d_2=$ ___		$l_2=\Delta_4+e+2+(L-\Delta_3-B)$ $=$ ___	
3	装轴承、挡油环(兼作套筒)，挡油环对齿轮轴向定位	$d_3=$ 轴承内径 d $=$ ___		$l_3=B+\Delta_3+\Delta_2+\dfrac{b_1-b_2}{2}+2$ $=$ ___	
4	安装齿轮，有一个键槽。齿轮通过轴段 3	$d_4=[d_3+(1\sim5)]\times1.05$ $=$ ___ 再查按优先数系制定的轴头标准，取 $d_4=$ ___		$l_4=b_2-2$ $=$ ___	
5	为齿轮定位的轴环	$d_5=d_4+2\times(0.07\sim0.1)d_4$ $=$ ___ $=$ ___ (取大值)		$l_5=1.4\times(0.07\sim0.1)d_4$ $=$ ___	
6	滚动轴承脂润滑时，安装挡油环和轴承	$d_6=d_3=$ 轴承内径 $=$ ___		$l_6=\dfrac{b_1-b_2}{2}+\Delta_2+\Delta_3+B-l_5$ $=$ ___	

说明：在进行设计计算时，务必注意自己的计算条件。例如，选择嵌入式端盖时，就不必出现端盖厚度 e；又如，滚动轴承采用油润滑时，输出轴在第 5 轴段后还有为轴承定位的第 6 轴段和安装轴承的第 7 轴段，此时表格要做相应改动。

2) 确定轴上键槽的尺寸和位置

普通平键的剖面尺寸根据相应轴段的直径确定，键的长度应比该轴段长度短 5～10mm，并且取标准键长。键槽位置不要太靠近轴肩，而要靠近该轴段轮毂装入的一端，既不加重轴肩处的应力集中，又便于轮毂装入时使其键槽对准轴上的键。

这一阶段设计完成后，单级圆柱齿轮减速器的装配草图如图 4.24 所示。

说明：在设计作图过程中，要不断擦去被遮挡住的投影；每一阶段都有表达的重点。例如，图 4.24 重点表达轴的结构，对其他不确定部分可粗略表示；对图中次要部分的缺、多、错，可在以后修改。

3) 确定轴上力作用点的位置并计算相邻力作用点的间距

传动件对轴作用力的位置在轮毂中点或轴头中点；径向接触轴承(如深沟球轴承)的支反力作用点在轴承宽度中点；角接触轴承的支反力作用点位置可查轴承标准，由其上的参数确定。对一般机器粗略计算时，也可简化到轴承内圈宽度的中点。

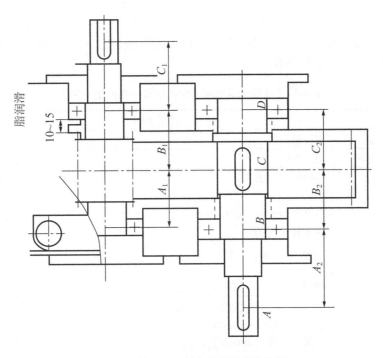

图 4.24　单级圆柱齿轮减速器装配草图(二)

根据结构设计完成后的装配草图(二)可计算相邻受力点的间距，表 4-11 所示为单级圆柱齿轮减速器输出轴相邻受力点之间的距离设计计算。

表 4-11　单级圆柱齿轮减速器输出轴相邻受力点之间的距离

联轴器力作用点到前轴承支反力作用点之间的距离 A_2：$A_2 = \dfrac{l_1}{2} + l_2 + \dfrac{B}{2} = \underline{\qquad}$

前轴承支反力作用点到齿轮力作用点之间的距离 B_2：$B_2 = (l_3 - \dfrac{B}{2} - 2) + \dfrac{b_2}{2} = \underline{\qquad}$

齿轮力作用点到后轴承支反力作用点之间的距离 C_2（以轴承脂润滑为例，油润滑时算式要改写）：
$C_2 = \dfrac{b_2}{2} + l_5 + l_6 - \dfrac{B}{2} = \underline{\qquad}$

在轴的结构设计阶段，装配草图中是不出现轴上零件的详细结构及剖面符号的。为了保证在进行轴的强度校核时轴的结构设计图能够清晰地显示零件之间的相互关系，可粗略地画出轴承、端盖、密封、套筒、挡油环、螺钉等，它们的真实结构及尺寸将在以后确定。

4.3.2　轴、滚动轴承及键联接的校核计算

1. 轴的强度校核

轴的强度校核的主要步骤如下：依据轴的输入转矩、转速及受力点位置首先对轴进行受力分析；然后作出轴的各种弯矩图、扭矩图，主要依据当量弯矩的大小及截面尺寸的大小，选定 1~2 个危险截面；最后考虑轴的材料，按弯扭合成强度对轴进行强度校核。

如果校核结果不合格，必须加大轴的直径，再作校核，直到合格为止；如果强度余量较大，不必马上减小轴的直径，待轴承寿命及键联接强度校核之后，再考虑是否减小轴的直径及减小多少的问题。实际上，许多机械零件的尺寸是由结构确定的，并不完全取决于

零件的强度。

轴的强度校核可按《机械设计基础》教材提供的方法进行，具体内容、步骤见表 4-12(以单级圆柱齿轮减速器输出轴为例)。

表 4-12 校核单级圆柱齿轮减速器中输出轴的强度

计算项目	计算内容及说明	主要计算结果
(1) 画轴系结构缩小图	见图(a)	
(2) 画轴的受力简图	见图(b)	
(3) 齿轮受力分析	小齿轮传递的转矩 $T_1 = T_I \eta_{轴承} = \underline{\qquad}$ N·mm 不考虑摩擦时与齿轮设计一致，有大齿轮 2 受的力 圆周力　$F_{t2}=F_{t1}=\dfrac{2T_1}{d_1}=\underline{\qquad}=\underline{\qquad}$ N 径向力　$F_{r2}=F_{r1}=F_{t1}\tan\alpha=\underline{\qquad}=\underline{\qquad}$ N	(注意前面计算的 T_I 单位为 N·m，这里要转换成 N·mm) $F_{t2}=\underline{\qquad}$ N $F_{r2}=\underline{\qquad}$ N
(4) 求轴承支反力，画轴的弯矩图	① 画力系水平投影图，见图(c) ② 求轴承水平支反力 因齿轮对称于轴承布置，故 $F_{HB}=F_{HD}=\dfrac{F_{t2}}{2}=\underline{\qquad}=\underline{\qquad}$ N ③ 画轴的水平弯矩图，见图(d) 其中，C 截面水平弯矩 $M_{CH}=F_{HB}\cdot BC=\underline{\qquad}=$ $\underline{\qquad}$ N·mm ④ 画力系竖直投影图，见图(e) ⑤ 计算轴承竖直支反力 因齿轮对称于轴承布置，故 $F_{VB}=F_{VD}=\dfrac{F_{r2}}{2}=\underline{\qquad}=\underline{\qquad}$ N ⑥ 画轴的竖直弯矩图，见图(f) 其中，C 截面竖直弯矩 $M_{CV}=F_{VB}\cdot BC=\underline{\qquad}=\underline{\qquad}$ N·mm ⑦ 画轴的合成弯矩图，见图(g) 其中，C 截面合成弯矩 $M_C=\sqrt{M_{CH}^2+M_{CV}^2}=\underline{\qquad}=\underline{\qquad}$ N·mm ⑧ 画轴的扭矩图，见图(h) (注：$T=$输出轴 II 的输入转矩 T_{II}) ⑨ 判断危险截面，计算当量弯矩 由图(g)可见 C 处弯矩最大，该截面为危险截面。对于减速器而言，轴所承受的扭矩切应力一般可按脉动循环变化考虑，故取修正系数 $\alpha=0.6$，则截面 C 的当量弯矩为 $M_e=\sqrt{M_C^2+(\alpha T)^2}=\underline{\qquad}=\underline{\qquad}$ N·mm	$F_{HB}=F_{HD}=\underline{\qquad}$ N $M_{CH}=\underline{\qquad}$ N·mm $F_{VB}=F_{VD}=\underline{\qquad}$ N $M_{CV}=\underline{\qquad}$ N·mm $M_C=\underline{\qquad}$ N·mm $M_e=\underline{\qquad}$ N·mm

续表

计算项目	计算内容及说明	主要计算结果
(5) 轴的强度校核	① 轴的材料与许用应力 在初估轴的最小直径时已选择轴的材料为＿＿＿＿ 查教材表9-2，得 $[\sigma_{-1}]=$＿＿＿MPa ② 危险截面强度校核 由教材式(9-5)可得 $\sigma_e=\dfrac{M_e}{W_z}=\dfrac{M_e}{0.1d_4^3}=$＿＿＿＿＿＿＿$=$＿＿＿＿＿MPa 因$\sigma_e<[\sigma_{-1}]_b=$＿＿＿＿＿MPa，故截面$C$的强度足够 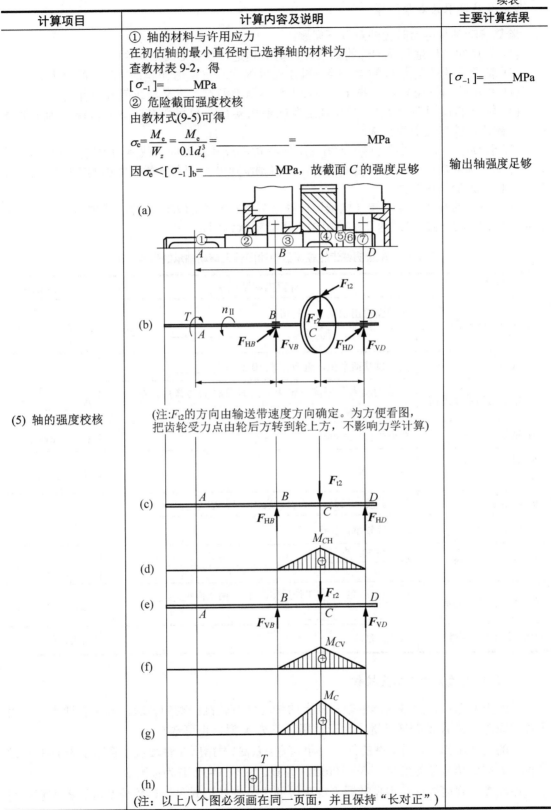 (注：F_{t2}的方向由输送带速度方向确定。为方便看图，把齿轮受力点由轮后方转到轮上方，不影响力学计算) (注：以上八个图必须画在同一页面，并且保持"长对正")	$[\sigma_{-1}]=$＿＿＿MPa 输出轴强度足够

2. 滚动轴承的寿命计算

验算滚动轴承寿命时应注意以下问题：

(1) 验算的对象是前面初选的轴承，其基本额定动载荷 C 是已知的。

(2) 轴承受的径向力 F_r 的大小等于轴承对轴的水平支反力和竖直支反力的合力。

(3) 轴承的当量动载荷 P 的计算公式既与轴承类型有关，又与载荷方向有关。

(4) 轴承的预期寿命 $[L_h]$ 一般取减速器的使用寿命，也可取减速器的检修期为预期寿命，在减速器检修时更换轴承。

(5) 若轴承寿命 L_h 小于预期寿命 $[L_h]$，应将轴承尺寸系列向承载能力大的方向修改，重新验算，直到合格；若寿命余量非常多，应将轴承尺寸系列向承载能力小的方向修正；必要时，也可改变轴承类型。

滚动轴承的寿命计算可按《机械设计基础》教材提供的方法进行，具体内容、步骤见表 4-13(以单级圆柱齿轮减速器中输出轴上滚动轴承为例)。

表 4-13 单级圆柱齿轮减速器中输出轴上滚动轴承的寿命计算

计算项目	计算内容及说明	主要计算结果
(1) 轴承受的径向力	由前面输出轴受力分析可知 $F_B=F_D=\sqrt{F_{HB}^2+F_{VB}^2}=\_\_\_\_=\_\_\_\_$ N	$F_B=F_D=\_\_\_\_$ N
(2) 载荷系数	工作机载荷平稳，查教材表 10-8，取 $f_p=\_\_\_\_$	
(3) 轴承的当量动载荷	因滚动轴承是深沟球轴承，且只受径向力作用，故 $P=f_p F_B=\_\_\_\_$ N	$P=\_\_\_\_$ N
(4) 轴承的转速	$n=n_{II}=\_\_\_\_$ r/min	$n=\_\_\_\_$ r/min
(5) 轴承的基本额定动载荷	$C=\_\_\_\_$ N	$C=\_\_\_\_$ N
(6) 温度系数	工作温度<120℃，查教材表 10-11，取 $f_t=\_\_\_\_$	
(7) 寿命指数	对于球轴承，$\varepsilon=3$	
(8) 轴承寿命计算	$L_h=\dfrac{16670}{n}\left(\dfrac{f_t C}{P}\right)^\varepsilon=\_\_\_\_=\_\_\_\_$ h	$L_h=\_\_\_\_$ h
(9) 轴承的预期寿命	$[L_h]=$(小时数/日)×(工作日数/年)×使用年限=$\_\_\_\_$ =$\_\_\_\_$ h	$[L_h]=\_\_\_\_$ h
(10) 轴承的合用性	因 $L_h>[L_h]$	轴承合用

3. 键联接的选择与强度校核

键的类型选择：因减速器中轴与其上的传动件有较高的对中要求，应选普通平键。用于轴中间时，选 A 型普通平键；用于轴端时可选 A 型，也可选 C 型。

键的尺寸选择：普通平键的剖面尺寸 b(宽)×h(高)根据所在轴段直径查附录表 D-12；键的长度 L 应比相应轮毂宽度小 5～10mm，并查附录表 D-12 取为标准值。

键联接的强度校核：根据普通平键联接的主要失效形式是轴、轮毂及键三者中较弱材料的工作表面被压溃，键联接只需进行挤压强度校核。若强度不够，在键长不能增加时，可采用双键。此时在强度计算中只按 1.5 个键计算。

键联接的选择与强度校核可按《机械设计基础》教材提供的方法进行，具体内容、步骤见表 4-14(以输入轴与带轮、输出轴与齿轮的键联接为例)。

表 4-14 输入轴与带轮、输出轴与齿轮的键联接的选择与强度校核

计算项目		计算内容及说明	主要计算结果
1. 输入轴与带轮的键联接	1) 键的选择	因对中性要求较高，故选_____型普通平键 根据 d_1=_____mm，查教材表 11-1，取 $b×h$=____ 键的长度=带轮轮毂宽度-(5～10)mm=_____～_____ 查教材表 11-1，取键长 L=_____mm 键的标记：	键
	2) 键联接强度校核	带轮材料为灰铸铁，轴与键均为钢制 查教材表 11-2，得许用挤压应力$[\sigma_p]$=_____ 键联接传递的转矩 $T=T_I$=_____N·m 键的工作长度 $l=L-b$=_____=_____mm 挤压强度校核 $\sigma_p=\dfrac{4T}{dhl}$=_____=_____<$[\sigma_p]$	键联接强度足够
2. 输出轴与齿轮的键联接	1) 键的选择	因对中性要求较高，故选_____型普通平键 根据 d_4=_____mm，查教材表 11-1，取 $b×h$=____ 键的长度=齿轮轮毂宽度 b_2-(5～10)mm=_____～_____ 查教材表 11-1，取键长 L=_____mm 键的标记：	键
	2) 键联接的强度校核	齿轮、轴、键均为钢制 查教材表 11-2，得许用挤压应力$[\sigma_p]$=_____ 键联接传递的转矩 $T=T_{II}\eta_{轴承}$=_____N·m 键的工作长度 $l=L-b$=_____=_____mm 挤压强度校核 $\sigma_p=\dfrac{4T}{dhl}$=_____=_____<$[\sigma_p]$	键联接强度足够

4.4 减速器装配草图设计的第三阶段

减速器装配草图设计的第三阶段包括齿轮结构设计和滚动轴承的组合设计。这一阶段内容先在减速器装配草图的俯视图上用剖视图形式作图，然后在主、左视图上画出轴承盖的轮廓。对于凸缘式轴承盖，还需画出螺钉联接。

4.4.1 齿轮的结构设计

齿轮的结构形式与齿轮的尺寸大小、毛坯材料、加工方法等因素有关。一般按下述步骤进行齿轮的结构设计。

(1) 先按齿顶圆直径 d_a 的大小确定齿轮的结构形式(参阅《机械设计基础》教材相关内容)。

齿轮常用的结构形式有以下几种：

① 实体式齿轮。当齿轮的齿顶圆直径 $d_a<200$mm 时，可采用实体式结构，如图 4.25 所示。这种结构形式的齿轮常用锻钢制造。

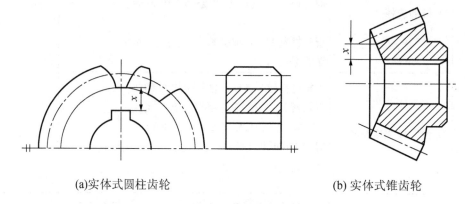

(a)实体式圆柱齿轮　　　　　　　　(b) 实体式锥齿轮

图 4.25　实体式齿轮

② 齿轮轴。当圆柱齿轮的齿根圆至键槽底部的距离 $x\leqslant(2\sim2.5)m_n$ 时[图 4.25(a)]，或当锥齿轮小端的齿根圆至键槽底部的距离 $x\leqslant(1.6\sim2)m$ 时[图 4.25(b)]，应将齿轮与轴制成一体，称为齿轮轴，如图 4.26 所示。

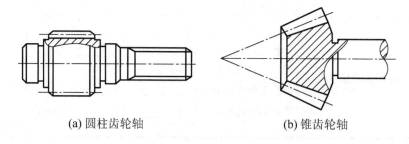

(a) 圆柱齿轮轴　　　　　　　　(b) 锥齿轮轴

图 4.26　齿轮轴

③ 腹板式齿轮。当齿轮的齿顶圆直径 $d_a=200\sim500$mm 时，可采用腹板式结构，如图 4.27 所示。这种结构的齿轮一般多用锻钢制造，其各部分尺寸由图中经验公式确定。

④ 轮辐式齿轮。当齿轮的齿顶圆直径 $d_a>500$mm 时，可采用轮辐式结构，如图 4.28 所示。这种结构的齿轮常采用铸钢或铸铁制造，其各部分尺寸按图中经验公式确定。

(2) 按经验公式确定各部分的结构尺寸。

(3) 在装配草图俯视图上画出相啮合的各齿轮(其画法查阅机械制图类教材)。

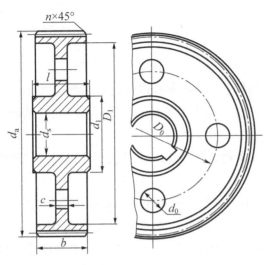
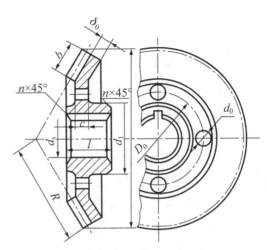

$d_1=1.6d_s$（d_s为轴径）

$D_0=\frac{1}{2}(D_1+d_1)$

$D_1=d_a-(10\sim12)m_n$

$d_0=0.25(D_1-d_1)$

$c=0.3b$

$l=(1.2\sim1.3)d_s \geqslant b$

$n=0.5m_n$

(a) 腹板式圆柱齿轮

$d_1=1.6d_s$（铸钢）

$d_1=1.8d_s$（铸铁）

$l=(1\sim1.2)d_s$

$c=(0.1\sim0.17)l>10\text{mm}$

$\delta_0=(3\sim4)m>10\text{mm}$

D_0和d_0根据结构确定

(b) 腹板式锥齿轮

图 4.27　腹板式齿轮

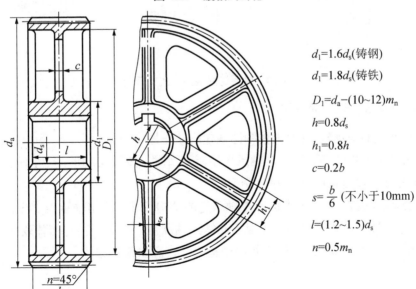

$d_1=1.6d_s$（铸钢）

$d_1=1.8d_s$（铸铁）

$D_1=d_a-(10\sim12)m_n$

$h=0.8d_s$

$h_1=0.8h$

$c=0.2b$

$s=\frac{b}{6}$（不小于10mm）

$l=(1.2\sim1.5)d_s$

$n=0.5m_n$

图 4.28　铸造轮辐式圆柱齿轮

4.4.2 滚动轴承的组合设计

1. 轴系支承结构的形式选择

按照对轴系轴向位置控制方法的不同，轴系的支承结构形式分为两端固定式、一端固定一端游动式和两端游动式三种。它们的结构特点及应用场合，详见《机械设计基础》教材。

对中小型普通减速器，两轴承支点间距一般不超过350mm，工作温升不高，常采用两端固定式支承形式，如图4.29所示。

(1) 轴承的轴向定位与固定：内圈用轴肩、套筒或挡油环定位，外圈被轴承盖顶住。

(2) 轴的伸缩量补偿方法：一是靠轴承自身的游隙补偿，如图 4.29(a)下半部所示；二是一个轴承外圈端面与轴承盖之间画出补偿间隙 $c \approx 0.2 \sim 0.4$mm，用调整垫片调整，如图 4.29(a)上半部所示(因间隙 c 很小，在装配图中可以不画出)；对角接触球轴承和圆锥滚子轴承，可以用调整螺钉调整，如图 4.29(b)所示。

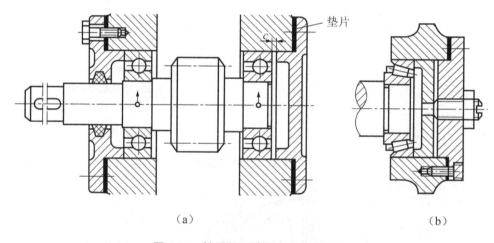

图 4.29 轴系的两端固定式支承结构

2. 滚动轴承组合设计的作图

(1) 画出所选的滚动轴承(按机械制图规定画法作图)。

(2) 画出套筒或挡油环。当滚动轴承采用脂润滑时，按图4.7所示尺寸画出；当滚动轴承采用油润滑时，按图4.12所示尺寸画出。

(3) 从表 4-15 或表 4-16 中查取所选轴承盖的结构尺寸，画出轴承盖。注意：滚动轴承采用油润滑时，轴承盖要有导油口；对于凸缘式轴承盖，还应画出与箱体联接的螺钉。

(4) 从附录 F 中查取所选密封方式的结构尺寸，画出密封结构。

表 4-15　凸缘式轴承盖的结构尺寸　　　　　　　　　　　　　　　　（单位：mm）

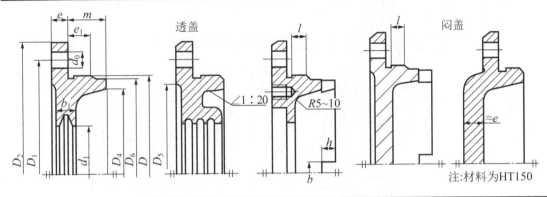

注：材料为HT150

			轴承外径 D	螺钉直径 d_3	螺钉数
$d_0=d_3+1$	$D_4=D-(10\sim15)$		45~65	6	4
$D_1=D+2.5d_3$	$D_5=D_1-3d_3$		70~100	8	4
$D_1=D_1+2.5d_3$	$D_6=D-(2\sim4)$		110~140	10	6
$e=1.2d_3$	b_1、d_1 由密封件尺寸确定		150~230	12~16	6
$e_1 \geq e, l \geq (0.1\sim0.15)D$	$b=5\sim10$				
m 由结构确定	$h=(0.8\sim1)b$				

表 4-16　嵌入式轴承盖的结构尺寸　　　　　　　　　　　　　　　（单位：mm）

结　　构	尺 寸 参 数
（透盖、闷盖结构图，材料为HT150）	$S_1=15\sim20$ $S_2=10\sim15$ $e_2=8\sim12$ $e_3=5\sim8$ m 由结构确定 $D_3=D_1+e_2$，装有O形密封圈时，按O形密封圈外径取整（表4-6） $b_2=8\sim10$ 其余尺寸由密封尺寸确定

注：材料为HT150。

在减速器装配草图设计的第三阶段完成后，单级圆柱齿轮减速器装配草图的俯视图如图 4.30 所示。

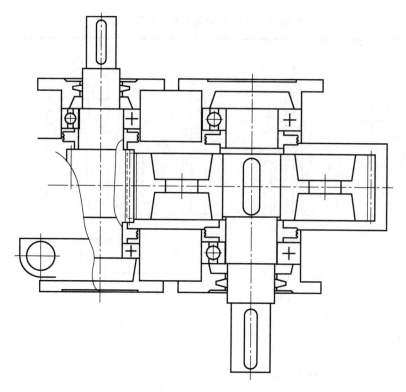

图 4.30 单级圆柱齿轮减速器装配草图(三)

注意：①此图是针对深沟球轴承采用脂润滑，以及采用凸缘式轴承盖及毡圈密封绘制的。当条件变化时，此时的装配草图也应做相应的变化。②此阶段的装配草图也会出现一些错误。为减少最后检查、纠正的工作量，最好及时改正这些错误。

4.5　减速器装配草图设计的第四阶段

这一阶段的主要工作是进行减速器箱体及其附件的设计。

4.5.1　减速器箱体的结构设计

一般情况下，为便于制造、装配及运动零部件的润滑，减速器多采用铸造的卧式剖分箱体。箱盖、箱座主要结构尺寸见表 4-2。

箱体结构设计主要从减速器装配草图的主视图入手，进而在俯、左视图上补全箱体可见轮廓的投影。其方法与步骤如下。

1. 确定轴承旁联接螺栓 Md_1 的位置

为了增大剖分式箱体轴承座的刚度，轴承旁联接螺栓之间的距离应尽量小，但不能与轴承盖联接螺钉发生干涉。一般取两螺栓距离 $S \approx D_2$，如图 4.31 所示右轴承两侧两螺栓的间距，其中 D_2 为轴承盖外径，用嵌入式轴承盖时，D_2 为轴承座凸缘的外径。因此，在作图时，两(或三)个轴承外侧的螺栓轴线应与以 D_2 为直径的圆周相切。当两轴承的距离较大，可以安排两个螺栓时,两螺栓轴线均与相应的 D_2 之圆周相切;当两轴承距离较小,装不下两个螺栓时,可在两个轴承座孔间距的中间只装一个螺栓,如图 4.31 所示的中间螺栓。

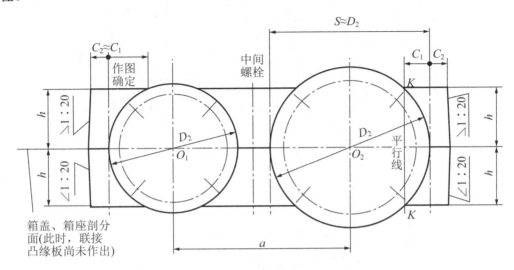

图 4.31 轴承旁联接螺栓位置的确定及轴承旁凸台的几何作图方法

2. 确定轴承旁凸台的高度 h 及轮廓

为增大轴承旁螺栓联接的刚度,应在轴承座旁制出加厚的凸台。

确定凸台高度 h 的方法:在最大轴承旁,以 C_1 为距离螺栓轴线的平行线与 D_2 为直径的圆周相交于 K 点,过 K 点作箱盖、箱座剖分面的平行线,便得到凸台的轮廓线,进而可知其高度 h。

用作图法确定的 h 值不一定为整数,可向大的方向圆整为 $R20$ 标准数列值,见附录表 A-3。

为了制造方便,所有轴承旁凸台高度 h 设计成等高,两轴承之间的凸台连为一体,如图 4.31 所示。

3. 确定箱盖顶部外表面轮廓

对于铸造箱体,箱盖顶部一般为圆弧形。大齿轮一侧,可以轴心 O_2 为圆心,以 $(\frac{d_{a2}}{2} + \Delta_1 + \delta_1)$ 为半径画出圆弧作为箱盖顶部的部分轮廓。在一般情况下,大齿轮轴承座旁凸台均在此圆弧以内。而在小齿轮一侧,若用上述方法取得半径画出的圆弧,往往会使小齿轮轴承座旁凸台超出圆弧。一般最好使小齿轮轴承座旁凸台在圆弧以内,如图 4.32 所示。具体作图时可在轴承座旁凸台的位置和高度确定后,取 $R>R'$,画出箱盖圆弧。这样机体径向尺寸虽然显得大一些,但是结构简单,并且在作小轴承座旁凸台的水平投影和侧面投影时比较简单。因此,在课程设计时可采用此种结构。

当然也有使小齿轮轴承座旁凸台在圆弧以外的结构,如图 4.33 所示。

画出大、小齿轮两侧圆弧后,作两圆弧的公切线,便得到箱盖顶部外表面轮廓(可查看圆柱齿轮减速器已有装配图或铸造箱盖零件图)。

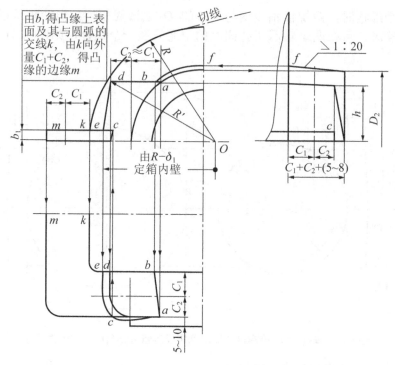

图 4.32 小齿轮处箱盖外轮廓圆弧及相关结构的作图方法(一)

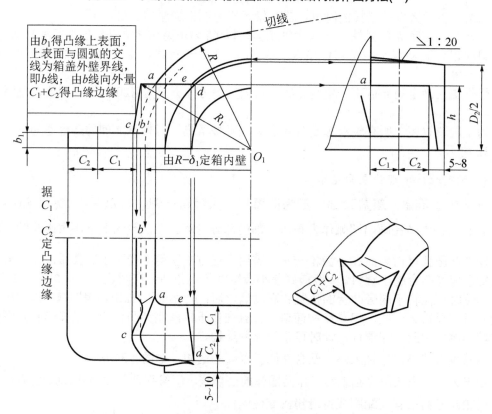

图 4.33 小齿轮处箱盖外轮廓圆弧及相关结构的作图方法(二)

此时，根据主视图上的内圆弧投影，也可以画出前两个阶段还未确定的小齿轮一侧的内壁线。

4. 确定箱体中心高度 H 和油面高度

1) 确定箱体中心高度 H

确定箱体中心高度 H(参照图 4.4)的方法：一般是先按经验公式 $H = \dfrac{d_{a2}}{2} + H_2 + \delta + (3 \sim 5)$ 计算出 H，然后将其圆整为整数。

2) 确定油面高度

(1) 最低油面高度。为使齿轮转动时不搅起油池底的沉积物，要求大齿轮齿顶圆到油池底面的距离≥30～50mm；为保证齿轮润滑，齿轮浸油深度约为一个齿高，但不应小于10mm，由以上两因素可确定最低油面高度，如图 4.4 所示。

(2) 最高油面高度。考虑润滑油的损耗，还应给出一个最高油面，一般中小型减速器的最高油面至少要高出最低油面 5～10mm。

(3) 润滑油选择。一般选择工业闭式齿轮油，详见附录 G(在编写设计计算说明书及装配图技术要求时，只需写出润滑油的类别和代号即可)。

5. 凸缘的设计

1) 箱盖、箱座凸缘及其联接螺栓的布置

为防止润滑油外漏，箱盖、箱座的联接处应设计凸缘。同时考虑在此安装螺栓时，也应保证有足够的扳手转动空间。图 4.32 显示了小齿轮一端箱盖、箱座凸缘尺寸的确定方法。大齿轮一侧的凸缘尺寸确定方法与小齿轮处相同。两侧凸缘的形状可参阅已有减速器装配图或自行确定。

在箱盖、箱座布置联接螺栓时，还要考虑安装定位销与启盖螺钉。布置螺栓时尽量均匀对称，若不能同时在大、小齿轮两侧布置螺栓，可只在大齿轮一侧布置，并注意不要与吊耳、吊钩等相互干涉。为保证箱盖与箱座接合的紧密性，螺栓间距不要过大，对中小型减速器此间距不大于 150～200mm。但应注意，为保证轴承座孔精度，剖分面间不能加垫片。

2) 回油和导油结构的布置

为提高密封性，可在剖分面上开回油沟，使渗出的油沿回油沟斜槽流回箱内，如图 4.34 所示。回油沟的形式及结构尺寸如图 4.11 所示。为提高密封性有时也允许在剖分面间涂密封胶。

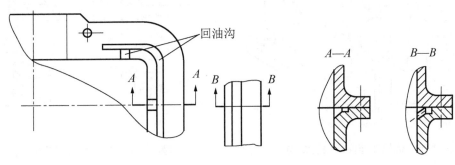

图 4.34　回油沟结构

如果滚动轴承采用飞溅式油润滑，则应按图 4.9～图 4.11 画出导油结构。但应注意，开回油沟或导油沟时，不要与联接螺栓孔相干涉。

3) 设计箱座底凸缘

为了保证箱体底座的刚度，不仅采用了较厚的凸缘厚度 b_2，而且要使凸缘宽度 $B>\delta+C_1+C_2$，如图 4.35 所示。图中的尺寸 3～5mm 是有意让加工面凸出的尺寸，目的是不使整个底面与机座或基础接触，从而减少底面的切削加工面积。箱座底凸缘上地脚螺栓的数目见表 4-2。

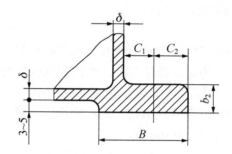

图 4.35　箱座底凸缘的结构尺寸

6. 设计加强肋板

为了增加轴承座的刚度，保证在外力作用下轴承和轴的轴线不偏斜，进而保证齿轮的啮合精度，使减速器能正常工作，除了前述设置较厚的轴承座和凸台外，还应在轴承座孔的下方及上方做出刚性加强肋板。加强肋板设置在箱体外的称为外肋(图 4.1)，设置在箱体内部的称为内肋(图 4.36)。

加强肋板的结构尺寸如图 4.37 所示。肋板两侧也有起模斜度。作图时可参阅现有的装配图。

外肋制造较为方便，设计时可对圆柱齿轮减速器设置外肋。

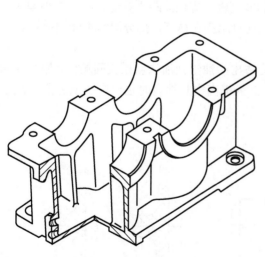

图 4.36　齿轮减速器的内肋结构

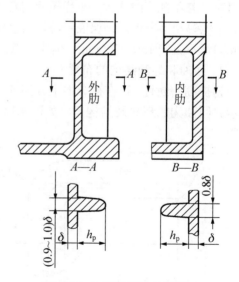

图 4.37　加强肋板的结构尺寸

7. 箱体结构要有良好的工艺性

箱体结构工艺性的好坏对于提高加工精度和装配质量、提高生产效率，以及便于检修维护等方面有很大影响，主要应考虑以下两方面的问题。

1) 箱体的铸造工艺性

对于铸造箱体，若铸造工艺性不好，将给毛坯制造带来困难，或得不到合格的铸件，或根本无法制造。因此，在设计铸造箱体时，力求形状简单、壁厚均匀、过渡平缓。考虑液态金属的流动性，为防止壁厚太薄引起浇注不足，得不到完整的铸件，故壁厚不应小于最小壁厚(见附录表 A-11)。箱体铸造圆角半径一般取 $r \geqslant 5mm$。

铸造箱体的外形应简单，以使拔模方便。铸件沿拔模方向应有 1∶(10～20)的拔模斜度，应尽量减少沿拔模方向的凸起结构，以利于拔模，如图 4.38 所示。箱体上应尽量避免出现狭缝，以免砂型强度不够，在浇注和取模时易形成废品。图 4.39(a)中两凸台距离太小而形成狭缝，应将凸台连在一起，如图 4.39(b)所示。

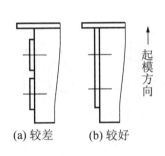

图 4.38 起模方向的凸起结构

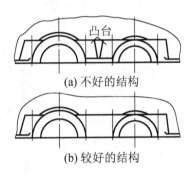

图 4.39 不应出现较窄的狭缝

2) 箱体的机械加工工艺性

箱体的机械加工工艺性不仅影响切削加工量和经济效益，而且会影响加工精度，甚至关系到机械加工能否进行。减速器箱体的机械加工工艺性常表现在以下几个方面。

(1) 设计箱体的结构形状时应尽量减少切削加工的面积。

在图 4.40 所示的减速器箱座底的几种结构中，图 4.40(a)所示结构常用于小型减速器，底面全部加工，故不常用；图 4.40(b)所示结构较好，便于箱体找正；图 4.40(c)所示结构为中小型箱体较多采用的结构；图 4.40(d)所示结构的底面为框形结构，毛坯制造和底面加工都不方便，故不常用。

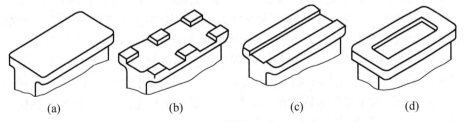

图 4.40 减速器箱座底的几种结构

(2) 使加工面与非加工面不在同一平面上。例如，减速器轴承座端面需要加工，因而应该凸出 5～10mm，与凸台表面分开，如图 4.41 所示。

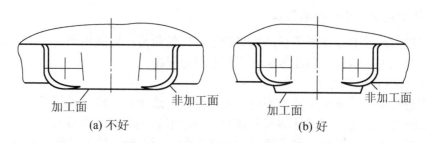

图 4.41 减速器轴承座端面与凸台表面

实现加工面与非加工面分开的方法,一是使加工面凸起,二是使加工面下沉。视孔盖、通气器、油标和油塞等的结合面处,常以凸出 3～5mm 的凸台形式体现。图 4.42(a)所示为小凸台的常用加工方法。支承螺栓头部或螺母的支承面,一般采用凹入结构,称为沉孔。图 4.42(b)所示为沉孔的常用加工方法,用圆柱端面铣刀或锪平。沉孔锪平时,深度不限,锪平为止。画图时,锪平深度可画成 1～3mm。

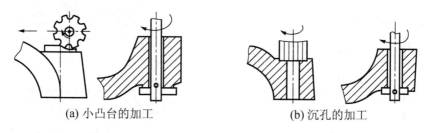

图 4.42 凸台与沉孔的加工

(3) 保证加工精度,缩短工时,减少工件或刀具的调整次数。例如,同一轴上各轴承座孔的轴线应在同一直线上,直径、精度、表面粗糙度等应一致,以便一次镗成;各轴承座外端面应在同一水平面上,以便一次加工。

箱体两侧轴承座端面应以箱体宽度对称面为对称中心面,以便加工和检验。

在箱体结构设计项目中,还应及时画出轴承旁的螺栓联接和箱盖、箱座凸缘处的螺栓联接。为此要注意以下三个问题:

(1) 首先根据装配图及比例计算两处螺栓所需的长度。如图 4.43 所示,螺栓所需的长度 $l=t_1+t_2+h(或 s)+m+a$,其中,t_1、t_2 为被联接件的厚度;h(或 s)为垫圈的厚度;m 为螺母的厚度;a 为螺栓伸出螺母的长度,一般取 $a=0.3d$。按上式计算出螺栓长度 l 后,然后查附录选择所用螺栓联接件的种类,并从螺纹联接件的国家标准中查出它们的规格尺寸(螺栓的公称长度必须大于或等于 l),记下标记(在装配图的明细栏中要填写标准的标记)。

(2) 多组相同的螺栓联接,可以根据从附录中查出的规格尺寸详细画出一处,其余地方只需用细点画线画出它们的轴线。螺栓头及螺母可采用简化画法,详见附录 H。

(3) 不要弄错轴承旁联接螺栓的装入方向。当螺栓总长度(螺栓头高度与螺栓有效长度之和)大于凸台下表面至箱座底板凸缘上表面的实际垂直距离时,螺栓的装入方向只能是从上向下装入(活螺母在下方);除此之外,对螺栓装入方向无要求。

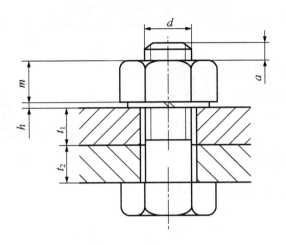

图 4.43　联接螺栓所需长度的计算方法

4.5.2　减速器附件的设计

设计时首先选择各种附件的具体结构和尺寸，然后在装配草图上画出它们的正确安装结构。

1．视孔和视孔盖

视孔的位置应开在齿轮啮合区的上方，便于观察齿轮啮合情况，视孔要有适当的大小，以便手能伸进去进行检查。

视孔平时用视孔盖盖住，视孔盖可用铸铁、钢板、有机玻璃等制成。轧制钢板视孔盖如图 4.44(a)所示，其结构轻便，上、下表面无需机械加工，单件或成批生产均可采用；铸铁视孔盖如图 4.44(b)所示，制造时需要木模，多处需机械加工，故应用较少。视孔盖与视孔之间应加纸质垫片防止漏油，并用螺钉固定。

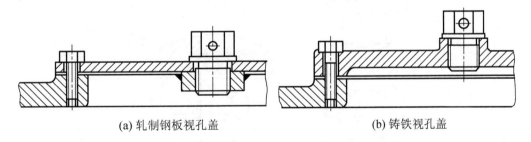

(a) 轧制钢板视孔盖　　　　　　　　(b) 铸铁视孔盖

图 4.44　视孔盖

视孔与视孔盖的结构尺寸可参照表 4-17 确定，也可自行设计。当只需四个螺钉时，应布置在视孔盖的四个角。

表 4-17　视孔与视孔盖的结构尺寸　　　　　　　　　　　（单位：mm）

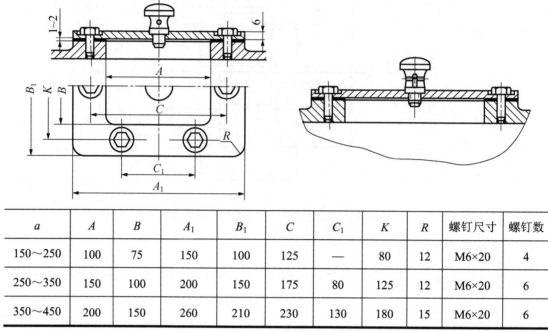

a	A	B	A_1	B_1	C	C_1	K	R	螺钉尺寸	螺钉数
150～250	100	75	150	100	125	—	80	12	M6×20	4
250～350	150	100	200	150	175	80	125	12	M6×20	6
350～450	200	150	260	210	230	130	180	15	M6×20	6

注：视孔盖用钢板制作时，厚度取 6mm，材料为 Q235；a 为减速器中心距。

2. 通气器

通气器通常装在箱盖最高处或视孔盖上。通气器有通气螺塞(用于环境清洁的场合)和网式通气器(用于灰尘较多的环境)两类，如图 4.45 所示。

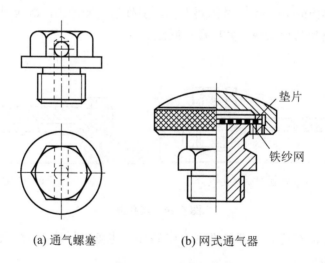

(a) 通气螺塞　　　　(b) 网式通气器

图 4.45　通气器

通气器的结构形式和尺寸见表 4-18～表 4-20。设计时根据环境情况选择类型，其规格尺寸应与减速器大小相适应。

表 4-18　通气塞及手提式通气器　　　　　　　　　　(单位：mm)

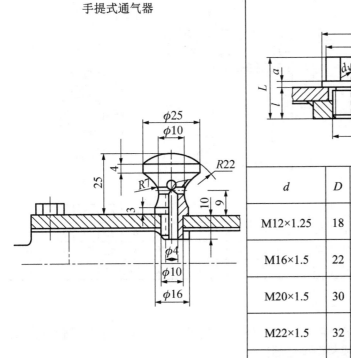

d	D	D_1	S	L	l	a	d_1
M12×1.25	18	16.5	14	19	10	2	4
M16×1.5	22	19.6	17	23	15	2	5
M20×1.5	30	25.4	22	28	15	4	6
M22×1.5	32	25.4	22	29	15	4	7
M27×1.5	38	31.2	27	34	18	4	8
M30×2	42	36.9	32	36	18	4	8

表 4-19　通气器(经两次过滤)　　　　　　　　　　(单位：mm)

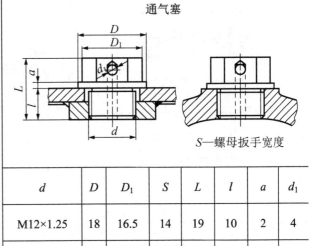

此通气器经两次过滤，防尘性能好

d	d_1	d_2	d_3	d_4	D	a	b	c
M18×15	M33×1.5	8	3	16	40	12	7	16
M27×1.5	M48×1.5	12	4.5	24	60	15	10	22

d	h	h_1	D_1	R	k	e	f	S
M18×1.5	40	18	25.4	40	6	2	2	22
M27×1.5	54	24	39.6	60	7	2	2	32

表 4-20　通气帽(经一次过滤)　　　　　　　　　　(单位：mm)

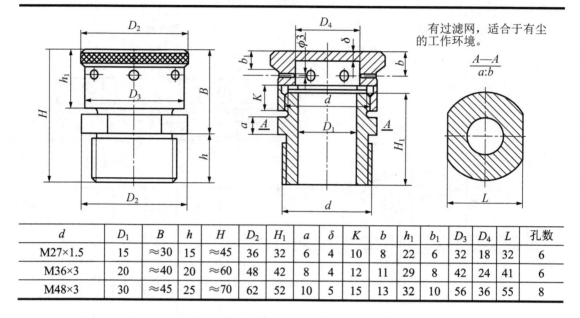

有过滤网，适合于有尘的工作环境。

d	D_1	B	h	H	D_2	H_1	a	δ	K	b	h_1	b_1	D_3	D_4	L	孔数
M27×1.5	15	≈30	15	≈45	36	32	6	4	10	8	22	6	32	18	32	6
M36×3	20	≈40	20	≈60	48	42	8	4	12	11	29	8	42	24	41	6
M48×3	30	≈45	25	≈70	62	52	10	5	15	13	32	10	56	36	55	8

3. 起吊装置

为了拆卸及搬运减速器，应在箱盖上装有吊环螺钉或铸出吊耳(只用于起吊箱盖)，并在箱座上铸出吊钩(用于起吊箱座或整个减速器)。

吊环螺钉是标准件，按起吊质量由附录表 D-16 选其公称直径。如图 4.46 所示，为了减少加工面面积，吊环螺钉座与螺钉接触处要加工出沉孔，螺钉通孔的箱内一端最好是与轴线垂直的平面，以免加工螺孔时因半边受力使钻头振动，螺钉旋入深度不应过短，以保证有足够的强度(也可在螺孔与箱内壁相交处制出凹坑水平面)。

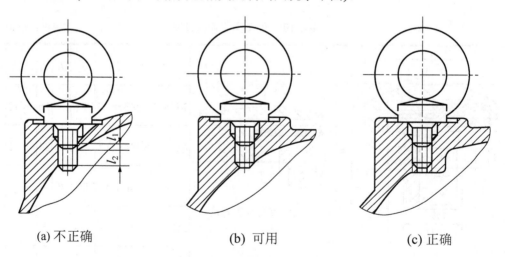

(a) 不正确　　　　　　(b) 可用　　　　　　(c) 正确

图 4.46　吊环螺钉座的结构与吊环螺钉的安装

为减少支承面及螺孔等部位的机械加工量，常在箱盖上直接铸出吊耳来代替吊环螺钉。吊耳和吊钩的结构尺寸见表 4-21。

表 4-21 吊耳和吊钩的结构尺寸

吊耳（起吊箱盖用）	吊耳环（起吊箱盖用）	吊钩（起吊整机用）
结构		
$C_3=(4\sim5)\delta_1$ $C_4=(1.3\sim1.5)C_3$ $b=2\delta_1$ $R=C_4$ $r_1=0.225C_3$ $r=0.275C_3$ δ_1 为箱盖壁厚	$d=(1.8\sim2.5)\delta_1$ $R=(1\sim1.2)d$ $e=(0.8\sim1)d$ $b=2\delta_1$	$B=C_1+C_2$ $H\approx0.8B$ $h\approx0.5H$ $r\approx0.25B$ $b=2\delta$（δ 为箱座壁厚） C_1、C_2 为扳手空间尺寸

4. 油标

油标用来检查减速器内的油面高度，应安装在箱体上便于观察且油面较稳定的部位，对于多级减速器，需安装在低速级传动件附近。

油标的种类很多，设计时应根据情况选用不同的种类，并依据减速器大小选择不同的规格尺寸。

(1) 在难以观察的地方应采用杆式油标，如图 4.47 所示。

杆式油标又称为油标尺，其结构简单，在减速器中经常应用。油标尺上有表示最高及最低油面的刻度。杆式油标分为不带隔套[图 4.47(a)]和带隔套[图 4.47(b)]两种。其中，不带隔套的杆式油标多用于间断工作的减速器；带隔套的杆式油标用于长期运转的减速器，可以减轻被油面搅动的影响。

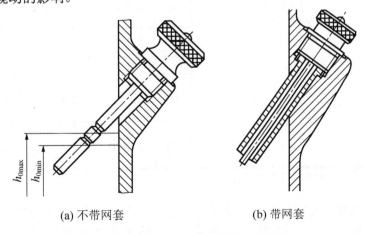

(a) 不带网套　　　　　　(b) 带网套

图 4.47　杆式油标

杆式油标安装在减速器的凸台上。凸台不应太低，以防润滑油溢出，凸台孔轴线一般与水平成45°或大于45°，但应注意，加工凸台及安装油标时，不应碰到箱体凸缘或吊钩，如图4.48所示。

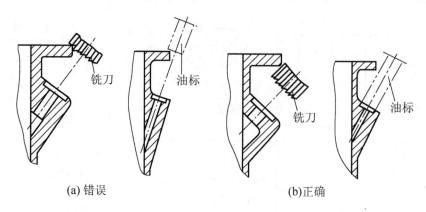

(a) 错误　　　　　　　　　(b) 正确

图4.48　凸台的位置及油标的安装

杆式油标的结构尺寸见表4-22，设计时依据减速器的大小选择。

表4-22　杆式油标的结构尺寸

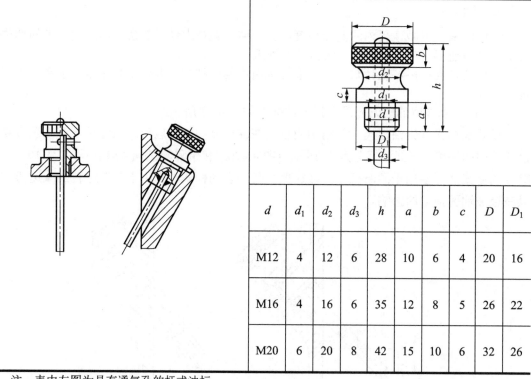

d	d_1	d_2	d_3	h	a	b	c	D	D_1
M12	4	12	6	28	10	6	4	20	16
M16	4	16	6	35	12	8	5	26	22
M20	6	20	8	42	15	10	6	32	26

注：表中左图为具有通气孔的杆式油标。

(2) 当减速器离地面较高，不容易观察，或箱座较低，无法安装杆式油标时，可采用压配式圆形油标、长形油标、管状油标等，它们的结构尺寸分别见表4-23～表4-25。

表 4-23 压配式圆形油标的结构尺寸(摘自 JB/T 7941.1—1995)   (单位：mm)

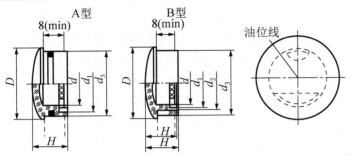

标记示例

视孔 d=32mm、A 型压配式圆形油标的标记：

油标 A32 GB/T 7941.1—1995

d	D	d_1 基本尺寸	d_1 极限偏差	d_2 基本尺寸	d_2 极限偏差	d_3 基本尺寸	d_3 极限偏差	H	H_1	O 形橡胶密封圈(按 GB/T 3452.1—2005)
12	22	12	-0.050 -0.160	17	-0.050 -0.160	20	-0.065 -0.195	14	16	15×2.65
16	27	18		22	-0.065 -0.195	25				20×2.65
20	34	22	-0.065 -0.195	28		32	-0.080 -0.240	16	18	25×3.55
25	40	28		34	-0.080 -0.240	38				31.5×3.55
32	48	35	-0.080 -0.240	41		45		18	20	38.7×3.55
40	58	45		51	-0.100 -0.290	55	-0.100 -0.290			48.7×3.55
50	70	55	-0.100 -0.290	61		65		22	24	—
63	85	70		76		80				

表 4-24 长形油标的结构尺寸(摘自 JB/T 7941.3—1995)   (单位：mm)

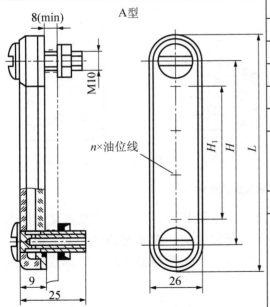

H 基本尺寸	H 极限偏差	H_1	L	n(条数)
80	±0.17	40	110	2
100		60	130	3
125	±0.20	80	155	4
160		120	190	6
O 形橡胶密封圈(按 GB/T 3452.1—2005)		六角薄螺母(按 GB/T 6172.1—2016)		弹簧垫圈(按 GB/T 860—1987)
10×2.65		M10		10

标记示例

H=80mm，A 型长形油标的标记：

油标 A80 JB/T 7941.3—1995

注：B 型长形油标的结构尺寸见 GB/T 7941.3—1995。

表 4-25　管状油标的结构尺寸(摘自 JB/T 7941.4—1995)　　　　　　　(单位：mm)

H	O 形橡胶密封圈(按 GB/T 3452.1—2005)	六角薄螺母(按 GB/T 6172.1—2016)	弹簧垫圈(按 GB/T 860—1987)
80, 100, 125, 160, 200	11.8×2.65	M12	12

标记示例：

H=200mm，A 型管状油标的标记：油标　A200　JB/T 7941.4—1995

注：B 型管状油标的结构尺寸见 JB/T 7941.4—1995。

5. 放油孔及螺塞

放油孔应设在油池底面(即箱座内底面)的最低处，以便将油污放尽。为此，常将油池底面做成 1°～5°的倾斜面，并在油孔附近做一个矩形凹坑，以便顺利加工螺孔及油污的汇集与排净。图 4.49 所示为放油孔位置及结构的三种不同情况。

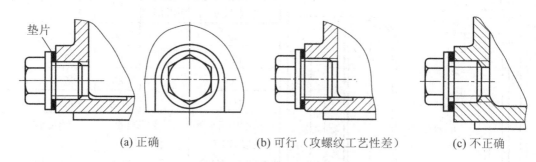

(a) 正确　　　　(b) 可行（攻螺纹工艺性差）　　　　(c) 不正确

图 4.49　放油孔的位置及结构

在箱体上放油孔的外侧应设置具有半个圆形的矩形凸台。平时用圆柱细牙螺纹的外六角螺塞旋入放油螺孔，放油时旋出。为防止平时漏油，螺塞与凸台之间应加封油圈。螺塞直径可按减速器箱座壁厚的 2～2.5 倍选取。外六角螺塞和封油圈的规格尺寸见表 4-26。

表 4-26 外六角螺塞(摘自 JB/T 1700—2008)、纸封油圈和皮封油圈的规格尺寸　　　　　　(单位：mm)

d	d_1	D	e	S	L	h	b	b_1	R	C	D_0	H 纸圈	H 皮圈
M10×1	8.5	18	12.7	11	20	10	3	2	0.5	0.7	18	2	2
M12×1.25	10.2	22	15	13	24	12	3	2	0.5	1.0	22	2	2
M14×1.5	11.8	23	20.8	18	25	15	3	3	1	1.0	25	2	2
M18×1.5	15.8	28	24.2	21	27	15	3	3	1	1.0	30	2	2
M20×1.5	17.8	30	27.7	24	30	15	4	3	1	1.0	32	2	2
M22×1.5	19.8	32	31.2	27	32	16	4	4	1	1.5	35	3	2.5
M24×2	21	34	34.6	30	35	17	4	4	1	1.5	40	3	2.5
M27×2	24	38	39.3	34	38	18	4	4	1	1.5	45	3	2.5
M30×2	27	42											

标记示例：螺塞 M20×1.5
油圈 30×20 ZB 71(D_0=30mm, d=20mm 的纸封油圈)
油圈 30×20 ZB 70(D_0=30mm, d=20mm 的皮封油圈)

材料：纸封油圈—石棉橡胶纸；皮封油圈—工业用革；螺塞—Q235

6. 启盖螺钉

为了保证减速器的密封及轴承座孔的几何精度，在不允许装任何垫片的情况下，常在箱盖与箱座剖分面上涂密封胶或水玻璃。这样在检修时，箱盖很难打开，因此采用启盖螺钉。启盖螺钉拧在箱盖凸缘的螺孔内，当其一直向下顶住箱座凸缘并继续转动时，利用螺旋相对运动原理，将把箱盖向上顶起，如图 4.50 所示。

为了能够顶起箱盖，启盖螺钉的有效长度 L 必须大于箱盖凸缘厚度 b_1；为了避免损伤箱盖上的螺孔，启盖螺钉端部要做成直径小一点的圆柱形、半圆形或采用大的倒角。启盖螺钉的直径与箱盖、箱座凸缘联接螺栓 Md_2 相同，必要时可用凸缘联接螺栓拧入螺孔，顶起箱盖。

7. 定位销

为了保证每次拆装后轴承座孔的几何精度，在加工轴承座孔之前先在箱盖、箱座凸缘上按大致的对角线方向安装两个定位销。为了保证重复拆装时销与销孔的紧密性和便于拆卸，应采用圆锥销。圆锥销的直径 $d=(0.7\sim0.8)d_2$，d_2 是箱盖与箱座凸缘联接螺栓的直径。为便于装拆，销的长度 L 应大于箱盖、箱座凸缘厚度之和(b_1+b)，且两端均要有足够的外伸长度，如图 4.51 所示。圆锥销的规格尺寸见附录表 D-14。

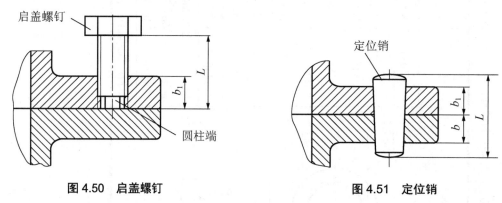

图 4.50　启盖螺钉　　　　　　　　图 4.51　定位销

该阶段完成后，减速器装配草图设计工作到此结束，其装配草图的状态如图 4.52 所示。

注意：①图 4.52 仍是针对深沟球轴承采用脂润滑，以及采用凸缘式轴承盖及毡圈密封绘制的。当条件变化时，此时的装配草图也应做相应的变化。②对此阶段装配草图中可能出现的一些错误应及时予以检查、纠正。

第4章 减速器装配图的设计与绘制

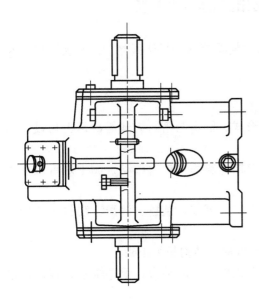

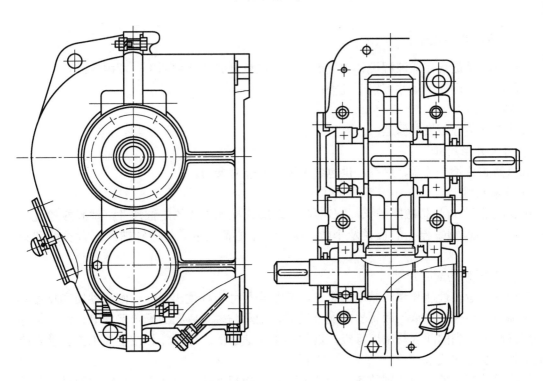

图 4.52　单级圆柱齿轮减速器装配草图(四)

4.6 减速器装配草图的检查与修改

在绘制减速器装配图的正式图样之前，必须对装配草图进行认真检查，发现错误，及时修改，以免正式装配图错误过多或修改量过大。

检查的主要内容大致如下：

(1) 各轴外伸的方向与传动方案简图是否一致。

(2) 齿轮种类、滚动轴承类型、轴承盖结构形式、润滑与密封方式等，是否与设计选定的一致。

(3) 轴的直径、滚动轴承及键的尺寸，通过校核计算后可能有改动，图中是否做了相应的修改。

(4) 轴系部件方面，传动件及轴承的定位、固定、调整、装拆、润滑、密封等结构是否正确。

(5) 箱体结构的刚度、工艺性是否合理，附件布置及结构是否正确。

(6) 绘图方面，视图选择是否合理，投影是否正确，齿轮啮合、滚动轴承、螺纹联接等画法是否符合机械制图国家标准的规定(详见附录 H)。

4.7 完成装配图

1. 标注必要的尺寸

这一阶段是最终完成课程设计的关键阶段，应认真完成其中的每一项内容。

装配图上应标注的尺寸有以下几类：

1) 特性尺寸

传动零件中心距及其偏差。

2) 最大外形尺寸

减速器的总长、总宽、总高，供包装运输及安装时参考。

3) 安装尺寸

箱底底面尺寸(包括底座的长、宽、厚)，地脚螺栓孔中心的定位尺寸，地脚螺栓孔之间的中心距和地脚螺栓孔的直径及个数，减速器中心高尺寸，外伸轴端的配合长度和直径等。

4) 主要零件的配合尺寸

对于影响运转性能和传动精度的零件，其配合尺寸应标注出尺寸、配合性质和精度等级，如轴与传动件、轴承、联轴器的配合尺寸，轴承与轴承座孔的配合尺寸等。对于这些零件应该选择恰当的配合与精度等级，这与提高减速器的工作性能、改善加工工艺性及降低成本等有密切的关系。

标注尺寸时应使尺寸排列整齐、标注清晰，多数尺寸应尽量布置在反映主要结构的视图上，并尽量布置在视图的外面。

表 4-27 列出了减速器主要传动零件的荐用配合，应根据具体情况进行选用。

表 4-27 减速器主要传动零件的荐用配合

配合零件	推荐用配合	适用特性	装拆方法
一般齿轮、蜗轮、带轮、联轴器与轴的配合	$\dfrac{H7}{r6}$	所受转矩及冲击、振动不大，大多数情况下不需要承受轴向载荷的附加装置	用压力机装配(零件不加热)
大中型减速器内的低速级齿轮(蜗轮)与轴的配合，并附加键联接；轮缘与轴心的配合	$\dfrac{H7}{s6}$、$\dfrac{H7}{r6}$	受重载、冲击载荷及大的轴向力，使用期间需保持配合零件的相对位置	不论零件加热与否，都用压力机装配
要求对中良好的齿(蜗)轮，并附加键联接	$\dfrac{H7}{n6}$	受冲击、振动时能保证精确的对中，很少装拆相配的零件	用压力机或木锤装配
小锥齿轮与轴，或较常装拆的齿轮、联轴器与轴的配合，并附加键联接	$\dfrac{H7}{m6}$、$\dfrac{H7}{k6}$	较常拆卸相配的零件	
轴套、挡油环、溅油轮等与轴的配合	$\dfrac{D11}{k6}$、$\dfrac{F9}{k6}$、$\dfrac{F9}{m6}$、$\dfrac{F8}{h7}$	较常拆卸相配的零件，且工具难以到达	用木锤或徒手装配
滚动轴承内圈与轴的配合	轻载荷 js6、k6 正常载荷 k5、m5、m6	不常拆卸相配的零件	用压力机装配
滚动轴承外圈与箱体孔的配合	H7、J7、G7	较常拆卸相配的零件	
轴承套杯与箱体孔的配合	$\dfrac{H7}{h6}$、$\dfrac{H7}{js6}$	较常拆卸相配的零件	用木锤或徒手装配
轴承端盖与箱体孔(套杯孔)的配合	$\dfrac{H7}{h8}$、$\dfrac{H7}{f6}$	较常拆卸相配的零件	
嵌入式轴承端盖与箱体孔槽的配合	$\dfrac{H11}{h11}$	配合较松	

2. 写明减速器的技术特性

应在装配工作图的适当位置列表写出减速器的技术特性，内容包括输入功率和转速、传动效率、总传动比和各级传动比、传动特性(各级传动件的主要几何参数和精度等级)等。
表 4-28 为二级圆柱斜齿轮减速器的技术特性表格式。

表 4-28 二级圆柱斜齿轮减速器的技术特性表格式

输入功率/kW	输入转速/ (r/min)	效率 η	总传动比 i	传动特性							
				第一级				第二级			
				m_n	z_2/z_1	β	精度等级	m_n	z_2/z_1	β	精度等级

输入功率和输入转速分别指减速器的高速轴的输入功率和输入转速。效率指整个减速器部分的效率，对二级减速器而言，是三对轴承的效率和两对齿轮传动的效率之积。总传

动比是两级齿轮传动的传动比的积 $i=\dfrac{z_2 z_4}{z_1 z_3}$。$m_n$ 指斜齿圆柱齿轮的法面模数，β 指斜齿圆柱齿轮的螺旋角(直齿圆柱齿轮省略 β 项，模数为 m)，精度等级为齿轮的精度等级，均按照设计结果填写。

3. 编写技术要求

装配工作图的技术要求是用文字说明有关装配、调整、检验、润滑、维护等方面的内容，正确规定技术要求有助于保证减速器的各种工作性能。技术要求通常包括以下几方面的内容：

1) 对零件的要求

装配前所有合格的零件要用煤油或汽油清洗，箱体内不许有任何杂物存在，箱体内壁应涂上防侵蚀的涂料。

2) 对润滑剂的要求

润滑剂对减少传动零件和轴承的摩擦、磨损及散热、冷却起着重要的作用，同时也有助于减振、防锈。技术要求中应写明所有润滑剂的牌号、油量及更换时间等。

选择传动件的润滑剂时，应考虑传动特点、载荷性质、大小及运转速度。对于多级传动，应按高速级和低速级对润滑剂黏度要求的平均值来选择润滑剂。

对于圆周速度 $v<2m/s$ 的开式齿轮传动和滚动轴承，也常采用润滑脂润滑，可根据工作温度、运转速度、载荷大小和环境情况进行选择。

传动件和轴承所用润滑剂的选择方法参见《机械设计基础》教材。换油时间一般为半年左右。

3) 对滚动轴承轴向间隙及其调整的要求

对于固定间隙的向心球轴承，一般留轴向间隙 $\varDelta=0.25\sim 0.4mm$。对可调间隙轴承的轴向间隙可查机械设计手册，并应注明轴向间隙值。

4) 对传动侧隙和接触斑点的要求

传动侧隙和接触斑点的要求是根据传动件的精度等级确定的，查出后标注在技术要求中，供装配时检查用。

检查侧隙的方法可用塞尺测量，或将铅丝放进传动件啮合的间隙中，然后测量铅丝变形后的厚度即可。

检查接触斑点的方法是在主动件齿面上涂色，使其转动，观察从动件齿面的着色情况，由此分析接触区的位置及接触面积的大小。

5) 减速器的密封

减速器箱体的剖分面、各接触面及密封处均不允许漏油。剖分面允许涂密封胶和水玻璃，不允许使用任何垫片或填料。轴伸处密封应涂上润滑脂。

6) 对试验的要求

减速器装配好后应做空载试验，正反转各 1h，要求运转平稳、噪声小、联接固定处不得松动。做负载试验时，油池温升不得超过 35℃，轴承温升不得超过 40℃。

7) 对外观、包装和运输的要求

箱体表面应涂漆，外伸轴及零件需涂油并包装严密，运输和装卸时不可倒置。

4. 对全部零件进行编号

零件编号时可不区分标准件和非标准件而统一编号，也可以分别编号。零件编号要完全，不能重复，相同的零件只能有一个零件编号。编号引线不能相交，并尽量不与剖面线平行。独立组件(如滚动轴承、通气器等)可作为一个零件编号。对装配关系清楚的零件组(螺栓、螺母及垫圈)可利用公共引线，如图4.53所示。编号应按顺时针或逆时针方向顺次排列，编号的数字高度应比图中所注尺寸数字的高度大一号。

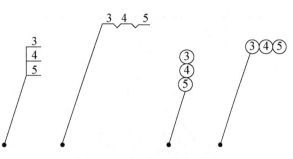

图 4.53　公共引线编号方法

5. 编制明细栏和标题栏

明细栏是减速器的所有零件的详细目录，应按序号完整地写出零件的名称、数量、材料、规格及标准代号等。对齿轮应注明模数 m、齿数 z、螺旋角 β 等。编制明细栏的过程也是最后确定材料及标准的过程。因此，填写时应考虑到节约贵重金属材料，减少材料及标准件的品种和规格。

机械设计基础课程设计所用的明细栏和装配图标题栏如图4.54和图4.55所示，主框线型为粗实线，分格线为细实线，详见机械制图类教材。

02	滚动轴承7210C	2		GB/T 292—2007	
01	箱座	1	HT200		
序号	名称	数量	材料	标准	备注

图 4.54　明细栏格式

图 4.55　标题栏格式

4.8　参　考　图　例

一级直齿圆柱齿轮减速器装配图参考图例如图4.56所示。

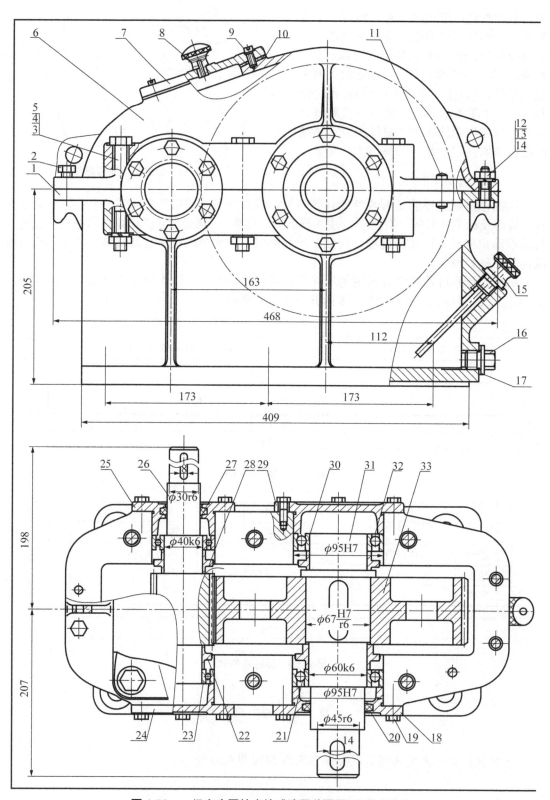

图 4.56 一级直齿圆柱齿轮减速器装配图(凸缘式端盖)

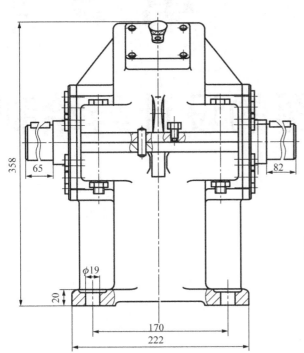

技术要求

1. 装配前，全部零件用煤油清洗，箱体内不许有杂物存在。在内壁涂两次不被机油浸蚀的涂料。
2. 用铅丝检验啮合侧隙。其侧隙不小于0.16mm，铅丝不得大于最小侧隙的4倍。
3. 用涂色法检验斑点。齿高接触斑点不小于40%，齿长接触斑点不小于50%，必要时可采用研磨或刮后研磨，以便改善接触情况。
4. 调整轴承时所留轴向间隙如下：$\phi 40$ 为 0.05~0.1mm；$\phi 60$ 为 0.08~0.15mm。
5. 装配时，剖分面不允许使用任何填充料，可涂以密封油漆或水玻璃。试转时应检查剖分面、各接触面及密封处，均不准漏油。
6. 箱座内装L-CKB46号工业齿轮油至规定高度。
7. 表面涂灰色油漆。

技术参数表

| 功率 | 4.5kW | 高速轴转速 | 306r/min | 传动比 | 4.19 |

说明：箱座侧壁有斜度，底面小，可减轻箱体质量。采用凸缘式轴承盖，毛毡圈密封，结构简单，轴向尺寸小。齿轮毛坯采用模锻，适用于成批生产。

33	大齿轮	1	45			14	垫圈10	2	65Mn	GB/T 93—1987	
32	挡油环	1	Q235A			13	螺母M10	2	Q235A	GB/T 41—2016	
31	轴	1	45			12	螺栓M10×35	2	Q235	GB/T 5782—2016	
30	轴承6012	2		GB/T 276—2013		11	销A10×28	2	35	GB/T 117—2000	
29	轴承端盖	1	HT200			10	垫片	1	石棉橡胶纸		
28	挡油环	1	Q235A			9	螺栓M6×20	4	Q235A	GB/T 5782—2016	
27	毡圈35	1	半粗羊毛毡	JB/ZQ 4606—1997		8	通气器	1			
26	齿轮轴	1	45			7	窥视孔盖	1	Q215		
25	轴承端盖	1	HT200			6	箱盖	1	HT200		
24	轴承端盖	1	HT200			5	垫圈14	6	65Mn	GB/T 93—1987	
23	轴承6008	2		GB/T 276—2013		4	螺母M14	6	Q235A	GB/T 41—2016	
22	挡油环	1	Q235A			3	螺栓M14×110	6	Q235A	GB/T 5782—2016	
21	挡油环	1	Q235A			2	启盖螺钉M10×30	1	Q235A	GB/T 5780—2016	
20	毡圈45	1	半粗羊毛毡	JB/ZQ 4606—1997		1	箱座	1	HT200		
19	螺钉M8×25	24	Q235	GB/T 5782—2016		序号	名称	数量	材料	标准	备注
18	轴承端盖	1	HT200			一级直齿圆柱齿轮减速器			比例	1：1.5	图号	1
17	油圈30×20	1	工业用革						数量	1	学号	××××
16	六角螺塞M20×1.5	1	Q235	JB/T 1700—2008		设计	×××	年/月/日	机械设计基础课程设计	（学校名称）
15	油标	1	Q235A			绘图	×××	年/月/日		
序号	名称	数量	材料	标准	备注	审阅	×××	年/月/日		（班级名称）

第 5 章

零件图的设计与绘制

零件工作图是在完成装配图设计的基础上绘制的。零件工作图是零件制造、检验和制订工艺规程的重要技术资料,既要根据装配图表明设计要求,又要结合制造的加工工艺性表明加工要求。零件工作图应包括零件制造和检验所需的全部内容,即零件的图形、尺寸及公差、表面粗糙度、材料、热处理及其他技术要求、标题栏等。

在机械设计基础课程设计中,由于受学时所限,零件图的绘制一般以轴类、齿轮类零件为主。

5.1 零件工作图的设计要点

1. 视图及比例尺的选择

视图的选择应能清楚地表达零件内、外部的结构形状。零件图的结构与尺寸应与装配图一致,应尽量减少视图的数量,选用 1∶1 的比例尺以增加真实感。

2. 尺寸及偏差的标注

标注尺寸时应注意选择正确的尺寸基准,尺寸标注应清晰、不封闭、不重复,应以一主要视图的尺寸标注为主,同时辅以其他视图的标注,有配合要求的尺寸应标注极限偏差。

3. 表面粗糙度的标注

零件的所有表面都应注明表面粗糙度,以便于制订加工工艺。在常用参数范围内,应优先选用 Ra 参数。在保证正常工作的条件下应尽量选用数值较大者,以便于加工。如果大多数表面具有相同的表面粗糙度,可在图样的标题栏附近统一标注,并在圆括号内给出无任何其他标注的基本图形符号。

4. 几何公差的标注

几何公差是评定零件质量的重要指标之一,应正确选择其等级及具体数值。

5. 齿轮类零件的啮合参数表

对于齿轮、蜗轮类零件,由于其参数及误差检验项目较多,应在图样右上角列出啮合参数表,标注主要参数、公差等级及误差检验项目等。

6. 技术要求

对于不便在图形上表明而又是制造中应明确的内容,可用文字在技术要求中说明。技术要求一般包括:
(1) 对材料的力学性能和化学成分的要求。
(2) 对铸锻件及其他毛坯件的要求,如时效处理、去飞边等要求。
(3) 对零件的热处理方法及热处理后硬度的要求。
(4) 对加工的要求,如配钻、配铰等。
(5) 对未注圆角、倒角的要求。
(6) 其他特殊要求,如对大型或高速齿轮的平衡试验要求等。

7. 标题栏

标题栏应注明图号,零件的名称、材料及件数,绘图比例尺等内容,如图 5.1 所示。

图 5.1 标题栏

5.2 轴类零件工作图的设计要点

【参考图文】

1. 视图

轴类零件一般只需一个主视图即可表达清楚结构。对于轴上的键槽、孔等结构，可用必要的局部视图或剖视图来表达。轴上的退刀槽、越程槽、中心孔等细小结构可用局部放大图来表达。

2. 尺寸标注

轴类零件一般都是回转体，因此主要标注径向尺寸和轴向尺寸。

标注径向尺寸时应注意，凡有配合处的直径都应标注尺寸的偏差值。当各轴段直径有几段相同时，都应逐一标注不得省略。

标注轴向尺寸时需要考虑基准面和尺寸链的问题，选定尺寸标注的基准面时，应尽量使尺寸的标注反映加工工艺的要求，轴向尺寸不允许出现封闭的尺寸链。图 5.2 所示为轴的轴向尺寸标注示例，2、3 为主要基准面，1、4 为辅助基准面，这是因为轴段 $22_{-0.14}^{0}$ 和 $12_{-0.12}^{0}$ 的精度较高，其尺寸应从轴环的两侧标出，这种标注方法反映了零件在车床上的加工顺序。

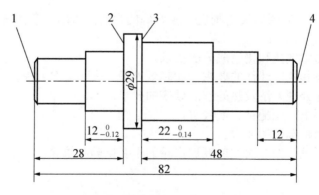

图 5.2 轴的轴向尺寸标注示例

1、4—辅助基准面；2、3—主要基准面

3. 表面粗糙度

与轴承相配合表面及轴肩端面的表面粗糙度的选择可查表 5-1。轴的所有表面都要加工，其表面粗糙度可按表 5-2 选择或查设计手册。

表 5-1 配合面的表面粗糙度

轴或者轴承座直径/mm		轴或外壳孔配合表面直径公差等级								
		IT7			IT6			IT5		
		表面结构要求/μm								
超过	到	Rz	Ra		Rz	Ra		Rz	Ra	
			磨	车		磨	车		磨	车
80	80	10	1.6	3.2	6.3	0.8	1.6	4	0.4	0.8
	500	16	1.6	3.2	10	1.6	3.2	6.3	0.8	1.6
端面		25	3.2	6.3	25	3.2	6.3	10	1.6	3.2

注：与/P0、/P6(P6x)级公差轴承配合的轴，其公差等级一般为IT6，外壳公差等级一般为IT7。

表 5-2 轴加工表面粗糙度 Ra 的推荐值

加工表面		表面粗糙度 Ra 的推荐值/μm		
与滚动轴承相配合的	轴颈表面	0.8(轴承内径 $d \leq 80mm$)，1.6(轴承内径 $d > 80mm$)		
	轴肩表面	1.6		
与传动零件、联轴器相配合的	轴头表面	1.6~0.8		
	轴肩表面	3.2~1.6		
平键键槽的	工作表面	6.3~3.2，3.2~1.6		
	非工作表面	12.5~6.3		
密封轴段表面	毡圈密封	橡胶密封		间隙或迷宫密封
		与轴接触处的圆周速度		3.2~1.6
	≤3m/s	>3~5m/s	>5~10m/s	
	3.2~1.6	0.8~0.4	0.4~0.2	

4. 几何公差

在轴的零件工作图上应标注必要的几何公差，以保证减速器的装配质量及工作性能。表 5-3 列出了轴上应标注的几何公差项目，供参考。轴的几何公差标注方法及公差值可参考设计手册，标注示例如图 5.3 所示。

表 5-3 轴类零件几何公差推荐标注项目

公差类别	标注项目	符号	公差等级	对工作性能的影响
形状公差	与传动零件相配合的圆柱表面	圆柱度	7~8	影响传动零件及滚动轴承与轴配合的松紧、对中性及几何回转精度
	与滚动轴承相配合的轴径表面		6	
位置公差	与传动零件相配合的圆柱表面	径向圆跳动	6~8	影响传动零件及滚动轴承的回转同心度
	与滚动轴承相配合的轴径表面		5~6	
	与滚动轴承的定位端面	垂直度或轴向圆跳动	6	影响传动零件及滚动轴承的定位及受载均匀性
	齿轮、联轴器等零件定位端面		6~8	
	平键键槽两端面	对称度	7~9	影响键的受载均匀性及拆装难易程度

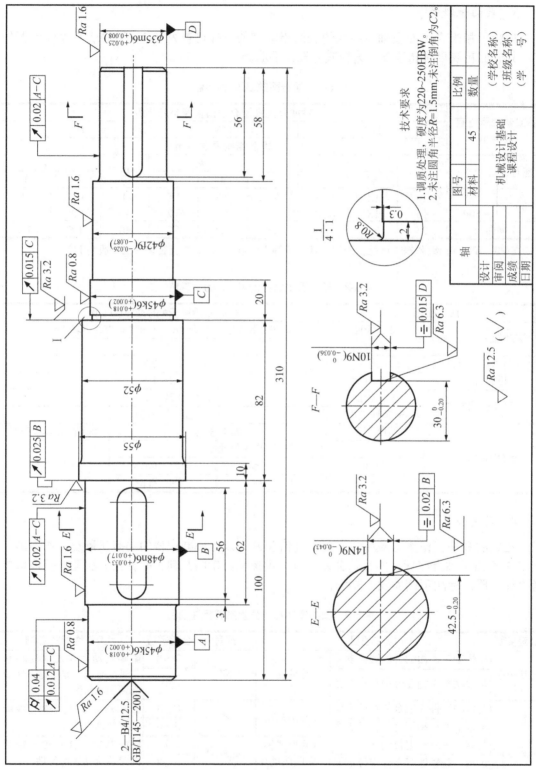

图 5.3 轴的零件图

5. 技术要求

轴类零件工作图的技术要求通常包括以下内容：

(1) 对材料的力学性能和化学成分的要求，允许的代用材料等。

(2) 对材料的表面力学性能的要求，如热处理方法、热处理后的硬度、渗碳层深度及淬火硬化层深度等。

(3) 对加工要求，如是否要保留中心孔，应在零件图上画出中心孔或按国家标准加以说明；是否与其他零件一起配合加工，如配钻或配铰等，若有也应加以说明。

(4) 对于未注圆角、倒角的说明，以及对较长的轴要求进行毛坯校直等的说明，如图 5.3 所示。

6. 参考图例

轴类零件图参考案例如图 5.3 所示。

5.3 齿轮类零件工作图的设计要点

【参考图文】

1. 视图

齿轮类零件一般需要两个视图，齿轮轴与蜗杆的视图与轴类零件图相似。为了表达齿形的有关特征及参数(如蜗杆的轴向齿距等)，必要时应画出局部剖视图。若蜗轮为组合式结构，则需分别画出组装前的齿圈、轮芯的零件图及组装后的蜗轮图。

2. 标注尺寸

标注齿轮的尺寸时首先应选定基准面，基准面的尺寸和形状公差应严格规定，因为它影响到齿轮加工和检测的精度。

在切削齿轮的轮齿时，是以孔心线和端面作为基准的。当测量分度圆弦齿厚或固定弦齿厚时，其齿顶圆是测量基准。

当齿顶圆作为测量基准面时，其顶圆直径按齿坯公差选取；当顶圆直径不作为测量基准时，尺寸公差按 IT11 给定，但不小于 $0.1m_n$(m_n 为法面模数)。

3. 表面粗糙度

齿轮类零件的所有表面都应标明表面粗糙度，可从表 5-4 中选取相应的表面粗糙度 Ra 推荐值。

表 5-4 齿轮(蜗轮)轮齿表面粗糙度 Ra 推荐值　　　　　　(单位：μm)

加工表面		齿轮传动公差等级			
		6	7	8	9
齿轮工作面	圆柱齿轮	1.6～0.8	3.2～0.8	3.2～1.6	6.3～3.2
	锥齿轮				
	蜗杆及蜗轮		1.6～1.8		
齿顶圆		12.5～3.2			
轴孔		3.2～1.6			
与轴肩配合的端面		6.3～3.2			

续表

加工表面	齿轮传动公差等级			
	6	7	8	9
平键键槽	6.3~3.2(工作面)，12.5(非工作面)			
齿圈与轮体的配合面	3.2~1.6			
其他加工表面	12.5~6.3			
非加工表面	100~50			

4. 几何公差

轮坯的几何公差对齿轮类零件的传动精度影响很大，一般需标注的项目有：①齿顶圆的径向圆跳动；②基准端面对轴线的端面圆跳动；③键槽侧面对孔心线的对称度；④轴孔的圆柱度。具体内容和公差等级可以从表 5-5 所示的推荐项目中选取。

表 5-5 轮坯几何公差的推荐项目

项目	符号	精度等级	对工作性能的影响
圆柱齿轮以顶圆作为测量基准时齿顶圆的径向圆跳动 锥齿轮的齿顶圆锥的径向圆跳动 蜗轮外圆的径向圆跳动 蜗杆外圆的径向圆跳动	⌰	按齿轮、蜗轮的公差等级确定	影响齿厚的测量精度，并在切齿时产生相应的齿圈径向跳动误差。 导致传动件的加工中心与使用中心不一致，引起分齿不均。同时会使轴心线与机床的垂直导轨不平行而引起齿向误差
基准端面对轴线的端面圆跳动	⌰		
键槽侧面对孔中心线的对称度	⌖	7~9	影响键侧面受载的均匀性
轴孔的圆柱度	⌭	7~8	影响传动零件与轴配合的松紧及对中性

5. 啮合参数表

啮合参数表的内容包括齿轮的主要参数及误差检验项目等。表 5-6 为圆柱齿轮啮合参数表的主要内容，其中误差检验项目和公差值可查有关国家标准(如 GB/T 10095—2008《圆柱齿轮 精度制》)。

表 5-6 圆柱齿轮啮合参数表

模数	$m(m_n)$	公差等级	
齿数	z	相啮合齿轮图号	
压力角	a	变位系数	x
齿顶高系数	h_a^*	误差检验项目	
齿根高系数	$h_a^* + c^*$		
齿高	h		
螺旋角	β		
轮齿倾斜方向	左或右		

6. 技术要求

如零件工作图设计要点所述，对于锥齿轮工作图及圆柱蜗杆、蜗轮的工作图，可参考有关例图。锥齿轮的公差等级、误差检验项目及公差值按 GB/T 11365—1989《锥齿轮和准双曲面齿轮精度》查取，圆柱蜗杆、蜗轮则按 GB/T 10089—1988《圆柱蜗杆、蜗轮精度》查取。

7. 参考图例

齿轮类零件图参考图例如图 5.4 所示。

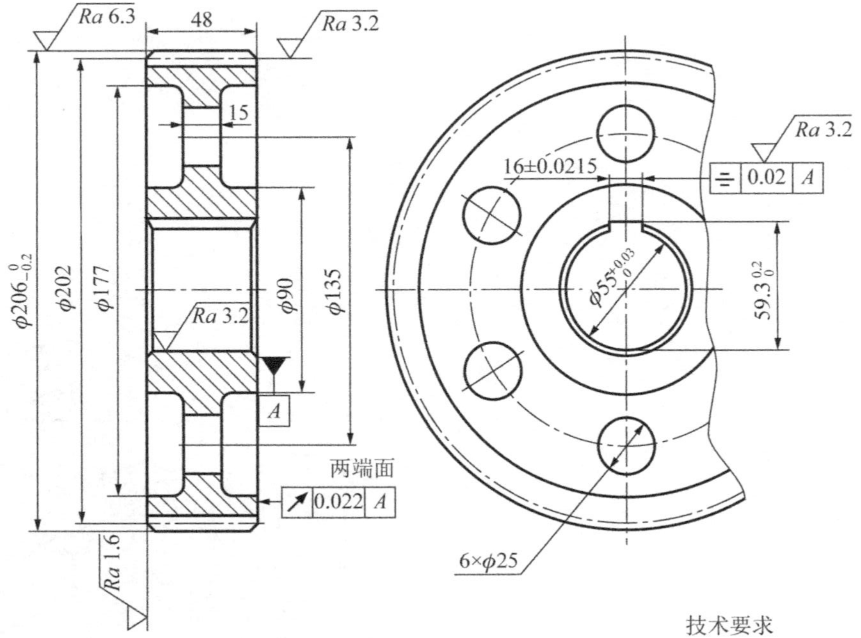

法向模数	m_n	2
齿数	z	101
压力角	α	20°
齿顶高系数	h_a^*	1
螺旋角		
螺旋方向		
精度等级		8 GB/T 10095.1~2—2008
齿轮副中心距及其极限偏差	$a\pm f_a$	123±0.027
配对齿轮	图号	
	齿数	22
公差检验项目	代号	公差值
单个齿距极限偏差	$\pm f_{pt}$	±0.017
齿廓总公差	F_a	0.020
径向跳动公差	F_t	0.055
螺旋线总公差	F_β	0.029
公法线平均长度有其偏差	W	$70.726_{-0.331}^{-0.165}$
跨齿数	k	12

标题栏

$\sqrt{Ra\ 12.5}$ ($\sqrt{\ }$)

技术要求
1. 45钢正火处理162~217HBW。
2. 未注圆角R5。
3. 未注倒角C2。

图5.4 直齿圆柱齿轮零件图

第 6 章

设计计算说明书的编写与答辩

6.1 设计计算说明书的编写

设计计算说明书是对整个设计计算的归类整理和总结。它既是图样设计的理论依据(图样中对应的尺寸数值全部来源于说明书中的计算结果),又是审核设计是否合理的重要技术文件之一。因此,编写设计计算说明书是整个设计过程的一个重要环节。

6.1.1 设计计算说明书的内容

设计计算说明书的内容随设计题目的不同而有所不同。对于以齿轮减速器为主的传动系统的设计,设计计算说明书的内容大致如下:

(1) 封面设计(图 6.1)。

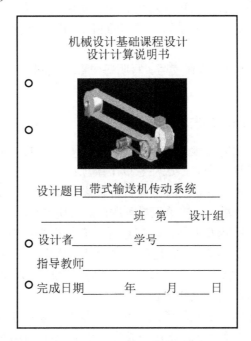

图 6.1 设计计算说明书封面格式

(2) 目录(按顺序分别写出标题、标出该标题所在的页码)。

(3) 设计任务书(设计题目、方案简图、本设计组的原始数据、工作条件、要求完成的工作量)。

(以下为设计计算的内容。)

(4) 传动方案分析。

(5) 电动机的选择(类型与结构形式、同步转速、额定功率及型号等的选择,技术数据汇总表)。

(6) 传动系统运动及动力参数计算(总传动比及其分配、各轴的转速、输入功率、输入转矩,表格整理)。

(7) 传动零件的设计计算(带传动设计计算、齿轮传动设计计算)。

(8) 轴的设计计算及校核(结构设计——画出结构设计图,计算各轴段直径、长度,计算相邻力作用点间距；轴的强度校核——画出轴的结构设计缩小图、受力简图、受力投影图、弯矩图、扭矩图等，寻找危险截面，校核弯扭组合强度)。

(9) 滚动轴承的选择与寿命计算(分别选择各轴上滚动轴承的类型、尺寸系列、内径、代号、列表汇总各轴轴承的代号及技术数据；对各轴上的滚动轴承进行寿命计算)。

(10) 键联接的选择与强度校核(分别选择大带轮与输入轴、齿轮与输入轴、齿轮与输出轴、联轴器与输出轴的键联接：种类、键的剖面尺寸、公称长度、标记；对各键联接进行强度校核)。

(11) 联轴器的选择(写出类型、型号并进行必要的验算)。

(12) 润滑方式、润滑油牌号及密封方式的选择(齿轮传动润滑方式及润滑油牌号、品种；滚动轴承润滑方式及脂润滑时润滑脂的代号、名称；轴外伸处的密封方式)。

(13) 设计小结(简要说明对课程设计的体会，例如，对"正确的设计思想"的认识、分析自己掌握了哪些设计的方法与技巧，对过去所学知识的理解、应用方面有何变化，在设计能力方面有哪些提高，对今后的学习和工作有何影响等；简要说明设计的优缺点及改进意见等)。

(14) 参考资料(对所用参考资料编号，写明每一参考资料的作者、书名、版本、出版地、出版单位、出版年号)。

6.1.2 设计计算说明书的编写要求及注意事项

对设计计算说明书的编写要求是主要计算内容齐全、计算正确，论述清楚，文字通顺简明，图文并茂，书写工整。为此，应注意以下事项：

(1) 说明书内容的编排，并非把所有项目都按设计时出现的先后次序一一抄搬，而是把密切相关的项目组成一个单元，按单元排列顺序。为使每个单元的计算与说明条理清晰，还应对每一单元列出大小标题及编号，按序进行计算与说明。根据国际通用的章节编号方法，推荐采用分级阿拉伯数字编号法。这种方法的突出优点是一目了然，其示例见6.1.3中的设计计算说明书的格式。如果某一项目设计计算的结果将为后面的设计计算提供多个参量数据，还应以列表的形式填写这些数据。

例如，滚动轴承的选择与滚动轴承的寿命计算虽然出现在不同的设计阶段，但这两个项目密切相关，因此在编写说明书时让它们成为一个单元——滚动轴承的选择与寿命计算，并列出各级标题及编号，按编号实施计算与说明。在滚动轴承的选择结束后，统一列表显示各轴上滚动轴承的代号及有关数据。后面的设计需要与滚动轴承有关的数据时只要查阅此表即可，而不必详看计算过程。此表之后再进行某轴上轴承的寿命计算。

(2) 说明书中显示的数据及其在后面计算中的传递，不一定是原来设计计算资料的照抄照搬。如果某一参量的初取值被后面计算结果所修正，则说明书中该参量的初取值应写修正后的值，以此值进行后面的计算，也不需要显示修正过程，以达清晰、简明之效。

例如，在传动系统总传动比分配时初取带传动比 $i_带$=3.14；在带传动计算中若取小带轮基准直径 d_{d1}=125mm，则大带轮基准直径为 $d_{d2}=d_{d1} i_带$=125mm×3.14=392.5mm，取带轮标准基准直径 d_{d2}=400mm，带传动实际传动比 $i_带=\dfrac{d_{d2}}{d_{d1}}=\dfrac{400}{125}=3.2$。

因为3.2是 $i_带$ 修正后的值，所以说明书中显示的应该是此值，而不再是3.14。此内容在说明书中显示的情况如下：

取带传动比(在传动系统总传动比分配时)$i_{带}$=3.2，取小带轮基准直径(在带传动计算中)d_{d1}=125mm，则大带轮基准直径为d_{d2}=d_{d1} $i_{带}$=125mm×3.2=400mm，是标准值。另外，计算带轮所在轴的转速、输入功率、输入转矩及分配齿轮传动比$i_{齿轮}$时，所用的$i_{带}$值均应是 3.2。

(3) 计算中所用的字母符号，都要写清其含义；查阅资料获取的数据及采用的非常识性重要公式，都要注明来源(写出资料的名称、表号或图号、公式号)。

例如，带传动设计计算中，包角系数K_a，查《机械设计基础》教材表 5-5，得K_a=0.92。又如，齿轮传动设计计算中，根据齿面接触疲劳强度计算齿轮分度圆直径，由《机械设计基础》教材式(7-13)，$d_1 \geq \sqrt[3]{\left(\dfrac{3.52Z_E}{[\sigma_H]}\right)^2 \dfrac{KT_1(u \pm 1)}{\psi_d u}}$。

(4) 在整个设计计算说明书中，同一参量的字母符号、脚注及其单位必须前后一致，避免混淆，但应注意在不同项目计算时单位的转换。

例如，在各轴运动及动力参数计算时，减速器输入轴的转速、输入功率、输入转矩的字母、脚注及单位分别用的是n_{I}(r/min)、P_{I}(kW)、T_{I}(N·m)。

在齿轮传动设计计算时，小齿轮的转速n_1=n_{I}=…，小齿轮的输入功率P_1=$P_{\text{I}} \eta_{轴承}$=…，小齿轮的输入转矩T_1=9550$\dfrac{P_1}{n_1}$=…。

由此可见，输入轴转速、输入功率、输入转矩在后面的应用中，符号、原值及单位保持不变。因为小齿轮输入转矩T_1以 N·m 为单位，所以代入数值时将T_1的值乘以10^3即可。

(5) 任何参量的数值计算均用摆公式、代入数值、写出结果(得数、单位；对校核计算在计算结果栏内应写上"满足强度要求""强度足够"或"安全"等简要结论)的三段式书面格式，具体的计算过程不论简单与复杂，都不出现在说明书上。这样的格式将使计算既有依据，又清晰简练。

例如，小齿轮弯曲疲劳强度校核，根据《机械设计基础》教材式(7-14)，
$\sigma_{F1} = \dfrac{2KT_1}{bm^2 z_1} Y_{F1} Y_{S1} \leqslant [\sigma_F]_1$(分别确定式中的未知参量的值)

$\sigma_{F1} = \dfrac{2KT_1}{bm^2 z_1} Y_{F1} Y_{S1} = \dfrac{2 \times 1.2 \times 33159.7}{48 \times 2^2 \times 22} \times 2.75 \times 1.58 \text{MPa} \approx 81.86 \text{MPa} \leqslant [\sigma_F]_1 = 301 \text{MPa}$，故满足弯曲疲劳强度要求。

(6) 为了清楚地进行数值计算，要附以必要的插图。

例如，传动系统方案简图；计算各轴段直径、长度，两力作用点间距时所用的轴的结构设计图；轴的强度计算时所用的轴的结构设计简图、受力简图、力的各面投影图、弯矩图、扭矩图等。

6.1.3 设计计算说明书的格式

设计计算说明书一般用 16 开纸张，用黑(或蓝)色笔横排书写，左边留出装订位置。

1. 说明书正文部分的书写格式

说明书的正文，即设计计算部分可参考以下格式。

1 设计任务书
1.1 设计题目：带式输送机传动系统
1.1.1 传动方案(见图 1.1)
……
1.1.2 原始数据(见表 1.2)
……
1.1.3 工作条件
……
1.2 应完成的设计工作量
……

计算及说明	结果
2 传动方案分析 ……	
3 电动机的选择 3.1 选择电动机的类型 按已知的工作条件和要求，选用 Y 系列全封闭笼型三相异步电动机。 3.2 选择电动机的功率 由式(2-3)得，工作机输出功率为 $$P_w = \frac{Fv}{1000} = \frac{3000 \times 1.5}{1000} \text{kW} = 4.5 \text{kW}$$ 查表 2-2，取 V 带传动效率 $\eta_{带}$ =0.96，滚动轴承效率 $\eta_{轴承}$ =0.99，8 级精度齿轮传动(稀油润滑)效率 $\eta_{齿轮}$ =0.97，弹性联轴器效率 $\eta_{联轴器}$ =0.99，输送带卷筒的效率 $\eta_{卷筒}$ =0.96，则整个传动系统的总效率为 $$\eta_{总} = \eta_{带}\eta_{轴承}^3\eta_{齿轮}\eta_{联轴器}\eta_{卷筒} = 0.96 \times 0.99^3 \times 0.97 \times 0.99 \times 0.96 \approx 0.86$$ 由式(2-2)可知，电动机的输出功率为 $$P_d = \frac{P_w}{\eta_{总}} = \frac{4.5}{0.86} \text{kW} = 5.2 \text{kW}$$ 因载荷平稳，电动机额定功率 P_{ed} 只需略大于 P_d 即可。查附录 B 中"Y 系列电动机的技术参数"，选电动机的额定功率 P_{ed}=5.5kW。 3.3 确定电动机转速 工作机卷筒轴转速为 $$n_w = \frac{60 \times 1000 v}{\pi D} = \frac{60000 \times 1.5}{3.14 \times 400} \text{r/min} = 71.66 \text{r/min}$$ 由表 2-1 可知，V 带传动比范围 $i'_{带}$=2～4，单级圆柱齿轮传动比范围 $i'_{齿轮}$=3～5，则总传动比范围为 $i'_{总}$=(2×3)～(4×5)=6～20，可见电动机同步转速可选范围为 $$n'_{同} = i'_{总} n_w = (6 \sim 20) \times 71.66 \text{r/min} = 430.0 \sim 1433.2 \text{r/min}$$ 符合这一范围的同步转速有 750r/min、1000r/min 两种，考虑重量和价格，由附录 B 选常用的同步转速为 1000r/min 的 Y 系列异步电动机，型号为 Y132M2-6，其满载转速 n_m=960r/min。电动机的型号及相关数据(查附录 B)见下表。	

续表

电动机型号	同步转速/(r/min)	额定功率 P_{ed}/kW	满载转速 n_m/(r/min)	中心高 H/mm	轴伸尺寸 $D×E$/(mm×mm)	键的尺寸 宽F×深G/(mm×mm)
Y132M2-6-B3	1000	5.5	960	132	38×80	10×33
外形尺寸 长L×宽($\frac{1}{2}AC+AD$)×高 HD/(mm×mm×mm)			底脚安装尺寸 宽距A×长距B/(mm×mm)		地脚螺栓孔 直径K/mm	
515×347.5×315			216×178		12	
……							
4 传动系统运动及动力参数计算 ……							

2. 说明书封面的格式

说明书封面的格式按图 6.1 设计。

3. 说明书的装订

(1) 正文、设计小结及参考资料写完之后,从任务书开始编写页码顺序。
(2) 编写目录、制作封面。
(3) 按本书 6.1.1 所写顺序将封面、目录、任务书、正文合为一叠,装订成册。
(4) 将装配图、零件图按图 6.2 所示的方法折叠(或对折)成 A4 幅面大小,与设计计算说明书一起装入设计资料袋内。按图 6.3 所示的形式填写资料袋封面。

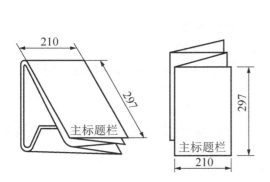

图 6.2 图样折叠方法

图 6.3 资料袋封面格式

6.2 答　辩

课程设计答辩是课程设计的最后一个环节。其方式多为回答教师的提问，也可以先由设计者简述设计情况，再回答问题。答辩中所提的问题涉及面很广。针对图样和说明书，设计中的各个项目所遇到的原理、结构、计算、作图、材料、工艺等各个方面的问题都是提问的内容。可见，答辩是检查学生对知识的掌握情况、设计方法与质量的重要环节，也是评定设计成绩的一个方面。

6.2.1　答辩准备

答辩的主要目的在于促进与提高。为了做好答辩，应做好以下准备。

检查设计图样和设计计算说明书，分析和回顾各个项目，诸如受力分析、承载能力计算原理、方法、结果，主要参数的选择，材料选择，结构设计，工艺性，使用维护，标准的应用，视图表达，尺寸标注及技术要求等方面的方法、措施的合理性，结果的正确性，从而判断正误、优劣，提出改进意见。

答辩准备也是对整个设计过程的回顾与总结。通过充分的答辩准备，可以进一步巩固和深化对所学知识的理解，扩大设计的收获，为今后的工作积累经验，进一步提高分析和解决工程问题的能力。

6.2.2　答辩参考题目

1. 综合题目

(1) 电动机的额定功率与输出功率有何不同？传动件按哪种功率设计？为什么？

(2) 同一轴上的功率 P、转矩 T、转速 n 之间有何关系？你所设计的减速器中各轴上的功率 P、转矩 T、转速 n 是如何确定的？

(3) 在装配图的技术要求中，为什么要对传动件提出接触斑点的要求？如何检验？

(4) 装配图的作用是什么？装配图应包括哪些方面的内容？

(5) 装配图上应标注哪几类尺寸？举例说明。

(6) 你所设计的减速器的总传动比是如何确定和分配的？

(7) 在你设计的减速器中，哪些部分需要调整？如何调整？

(8) 减速器箱盖与箱座联接处定位销的作用是什么？销孔的位置如何确定？销孔在何时加工？

(9) 启盖螺钉的作用是什么？如何确定其位置？

(10) 你所设计的传动件的哪些参数是标准的？哪些参数应圆整？哪些参数不应该圆整？为什么？

(11) 传动件的浸油深度如何确定？如何测量？

(12) 伸出轴与端盖间的密封件有哪几种？你在设计中选择了哪种密封件？选择的依据是什么？

(13) 为了保证轴承的润滑与密封，你在减速器结构设计中采取了哪些措施？

(14) 密封的作用是什么？你设计的减速器哪些部位需要密封？你采取了什么措施保证密封？

(15) 毡圈密封槽为何做成梯形槽？

(16) 轴承采用脂润滑时为什么要用挡油环？挡油环为什么要伸出箱体内壁？

(17) 你设计的减速器有哪些附件？它们各自的功用是什么？

(18) 布置减速器箱盖与箱座的联接螺栓、定位销、油面指示器及吊耳(吊钩)的位置时应考虑哪些问题？

(19) 通气器的作用是什么？应安装在哪个部位？你选用的通气器有何特点？

(20) 视孔有何作用？视孔的大小及位置应如何确定？

(21) 说明油面指示器的用途、种类及安装位置的确定。

(22) 你所设计箱体上油面指示器的位置是如何确定的？如何利用该油面指示器测量箱内油面高度？

(23) 放油螺塞的作用是什么？放油孔应开在哪个部位？

(24) 轴承旁凸台的结构、尺寸如何确定？

(25) 在箱体上为什么要做出沉孔？沉孔如何加工？

(26) 轴承盖起什么作用？有哪些形式？各部分尺寸如何确定？

(27) 轴承盖与箱体之间所加垫圈的作用是什么？

(28) 如何确定箱体的中心高？如何确定剖分面凸缘和底座凸缘的宽度和厚度？

(29) 试述螺栓联接的防松方法。你在设计中采用了哪种方法？

(30) 调整垫片的作用是什么？它的材料为什么多采用 08 F？

(31) 箱盖与箱座安装时，为什么剖分面上不能加垫片？如发现漏油(渗油)，应采取哪些措施？

(32) 箱体的轴承座孔为什么要设计成一样大小？

(33) 为什么箱体底面不能设计成平面？

(34) 你在设计中采取什么措施提高轴承座孔的刚度？

2. 轴、轴承及轴毂联接的有关题目

(1) 结合你的设计，说明如何考虑向心推力轴承轴向力 F_a 的方向？

(2) 试分析轴承的正、反装形式的特点及适用范围。

(3) 你所设计减速器中的各轴分别属于哪类轴(按承载情况分)？轴断面上应力各属于哪种应力？

(4) 以减速器的输出轴为例，说明轴上零件的定位与固定方法。

(5) 试述你的设计中轴上所选择的几何公差。

(6) 试述低速轴上零件的装拆顺序。

(7) 轴承在轴上如何安装和拆卸？在设计轴的结构时如何考虑轴承的装拆？

(8) 为什么在两端固定式的轴承组合设计中要留有轴向间隙？对轴承轴向间隙的要求如何在装配图中体现？

(9) 说明你所选择的轴承类型、型号及选择依据。

(10) 你在轴承的组合设计中采用了哪种支承结构形式？为什么？

(11) 轴上键槽的位置与长度如何确定？你所设计的键槽是如何加工的？

(12) 设计轴时，对轴肩(或轴环)的高度及圆角半径有什么要求？

(13) 角接触球轴承为什么要成对使用？

(14) 圆锥滚子轴承的压力中心为什么不通过轴承宽度的中点？

3. 齿轮减速器的有关题目

(1) 试分析齿轮啮合时的受力方向。

(2) 试述尺寸大小、生产批量对选择齿轮结构形式的影响。

(3) 试述你所设计齿轮传动的主要失效形式及设计准则。

(4) 试述获得软齿面齿轮的热处理方法及软齿面闭式齿轮传动的设计准则。

(5) 你所设计齿轮减速器的模数 m 和齿数 z 是如何确定的？为什么低速级齿轮的模数大于高速级？

(6) 在进行齿轮传动设计时，如何选择齿宽系数 ψ_d？如何确定轮齿的宽度 b_1 与 b_2？

(7) 为什么通常大、小齿轮的宽度不同且 $b_1 > b_2$？

(8) 影响齿轮齿面接触疲劳强度的主要几何参数是什么？影响齿根弯曲疲劳强度的主要几何参数是什么？为什么？

(9) 在齿轮设计中，当接触疲劳强度不满足要求时，可采取哪些措施提高齿轮的接触疲劳强度？

(10) 在齿轮设计中，当弯曲疲劳强度不满足要求时，可以采取哪些措施提高齿轮的弯曲疲劳强度？

(11) 大、小齿轮的硬度为什么有差别？哪一个齿轮的硬度高？

(12) 在锥齿轮传动中，如何调整两齿轮的锥顶使其重合？

(13) 在什么情况下采用直齿轮，什么情况下采用斜齿轮？

(14) 可采用什么办法减小齿轮传动的中心距？

(15) 锥齿轮的浸油高度如何确定？油池深度如何确定？如果油池过浅会产生什么问题？

(16) 套杯和端盖间的垫片起什么作用？端盖和箱体间的垫片起什么作用？

(17) 如何保证小锥齿轮轴的支承刚度？

(18) 试述小锥齿轮轴轴承的润滑。

(19) 在二级圆柱齿轮减速器中，如果其中一级采用斜齿轮，那么它应该放在高速级还是低速级？为什么？如果两级均采用斜齿轮，那么中间轴上两齿轮的轮齿旋向应如何确定？为什么？

附 录

附录 A　一般标准

表 A-1　国内的部分标准代号

代号	名称	代号	名称
GB	国家标准	ZB	国家专业标准
/Z	指导性技术文件	/T	推荐性技术文件
JB	机械工业部标准	ZBJ	机电部行业标准
YB	冶金工业部标准	JB/ZQ	重型机械专业标准
HG	化学工业部标准	Q/ZB	重型机械行业统一标准
SY	石油工业部标准	SH	石油化工行业标准
FJ	纺织工业部标准	FZ	纺织行业标准
QB	轻工业部标准	SG	轻工行业标准

表 A-2　图纸幅面、图样比例

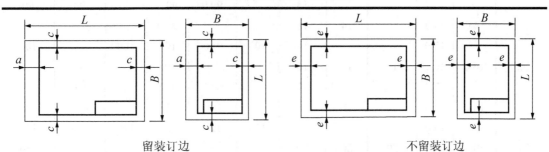

留装订边　　　　　　　　　　　　　　不留装订边

图纸幅面(摘自 GB/T 14689—2008)					(单位：mm)	图样比例(摘自 GB/T 14690—1993)		
基本幅面(第一选择)				加长幅面(第二选择)		原值比例	缩小比例	放大比例
幅面代号	$B \times L$	a	c	e	幅面代号	$B \times L$		
A0	841×1189	25	10	20	A3×3	420×891	1:1	$1:2, 1:2\times10^n$ $1:5, 1:5\times10^n$ $1:10, 1:1\times10^n$	$5:1, 5\times10^n:1$ $2:1, 2\times10^n:1$ $1\times10^n:1$
								必要时允许选取	必要时允许选取
A1	594×841				A3×4	420×1189		$1:1.5, 1:1.5\times10^n$	$4:1, 4\times10^n:1$
A2	420×594				A4×3	297×630		$1:2.5, 1:2.5\times10^n$	$2.5:1, 2.5\times10^n:1$
A3	297×420		5	10	A4×4	297×841		$1:3, 1:3\times10^n$	
A4	210×297				A4×5	297×1051		$1:4, 1:4\times10^n$	
								$1:6, 1:6\times10^n$	n—正整数

注：1. 加长幅面的图框尺寸，按比所选用的基本幅面大一号的图框尺寸确定。例如，对 A3×4，按 A2 的图框尺寸确定，即 e 为 10(或 c 为 10)。
　　2. 加长幅面(第三选择)的尺寸见 GB/T 14689—2008。

表 A-3 标准尺寸(直径、长度、高度)(摘自 GB/T 2822—2005)　　　　(单位：mm)

R			R'			R			R'		
R10	R20	R40	R'10	R'20	R'40	R10	R20	R40	R'10	R'20	R'40
2.50	2.50		2.5	2.5				37.5			38
	2.80			2.8		40.0	40.0	40.0	40	40	40
3.15	3.15		3.0	3.0				42.5			42
	3.55			3.5			45.0	45.0		45	45
4.00	4.00		4.0	4.0				47.5			48
	4.50			4.5		50.0	50.0	50.0	50	50	50
5.00	5.00		5.0	5.0				53.0			53
	5.60			5.5			56.0	56.0		56	56
6.30	6.30		6.0	6.0				60.0			60
	7.10			7.0		63.0	63.0	63.0	63	63	63
8.00	8.00		8.0	8.0				67.0			67
	9.00			9.0			71.0	71.0		71	71
10.0	10.0		10.0	10.0				75.0			75
		11.2			11	80.0	80.0	80.0	80	80	80
12.5	12.5	12.5	12	12	12			85.0			85
		13.2			13		90.0	90.0		90	90
	14.0	14.0		14	11			95.0			95
		15.0			15	100	100	100	100	100	100
16.0	16.0	16.0	16	16	16			106			105
		17.0			17		112	112		110	110
	18.0	18.0		18	18			118			120
		19.0			19	125	125	125	125	125	125
20.0	20.0	20.0	20	20	20			132			130
		21.2			21		140	140		140	140
	22.4	22.4		22	22			150			150
		23.6			24	160	160	160	160	160	160
25.0	25.0	25.0	25	25	25			170			170
		26.5			26		180	180		180	180
	28.0	28.0		28	28			190			190
		30.0			30	200	200	200	200	200	200
31.5	31.5	31.5	32	32	32			212			210
		33.5			34		224	224		220	220
		35.5	35.5		36	36		236			240

续表

R			R′			R			R′		
R10	R20	R40	R′10	R′20	R′40	R10	R20	R40	R′10	R′20	R′40
250	250	250		250	250		710	710		710	710
		265			260			750			750
	280	280		280	280	800	800	800	800	800	800
		300			300			850			850
315	315	315	320	320	320		900	900		900	900
		335			310			950			950
	355	355		360	360	1000	1000	1000	1000	1000	1000
		375			380			1060			
400	400	400	400	400	400		1120	1120			
		425			420			1180			
	450	450		450	450	1250	1250	1250			
		475			480			1320			
500	500	500	500	500	500		1400	1400			
		530			530			1500			
	560	560		560	560	1600	1600	1600			
		600			600			1700			
630	630	630	630	630	630		1800	1800			
		670			670			1900			

注：1. 选择系列及单个尺寸时，应首先在优先数系 R 系列中选用标准尺寸，选用顺序为 R10、R20、R40。如果必须将数值圆整，可在相应的 R′ 系列中选用标准尺寸。

2. 本标准适用于机械制造业中有互换性或系列化要求的主要尺寸，其他结构尺寸也应尽量采用。对于由主要尺寸导出的因变量尺寸和工艺上工序间的尺寸，不受本标准限制。对已有专用标准规定的尺寸，可按专用标准选用。

表 A-4　中心孔表示法(摘自 GB/T 4459.5—1999、GB/T 145—2001)　　　　　(单位：mm)

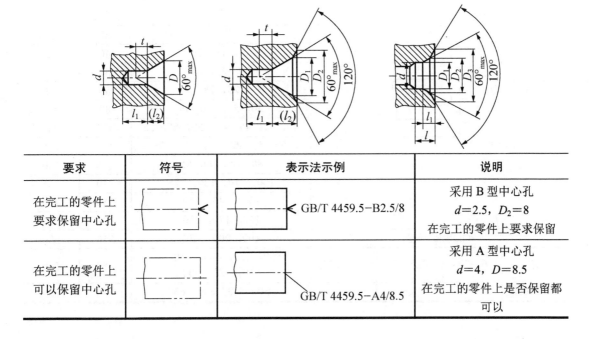

要求	符号	表示法示例	说明
在完工的零件上要求保留中心孔		GB/T 4459.5-B2.5/8	采用 B 型中心孔 $d=2.5$, $D_2=8$ 在完工的零件上要求保留
在完工的零件上可以保留中心孔		GB/T 4459.5-A4/8.5	采用 A 型中心孔 $d=4$, $D=8.5$ 在完工的零件上是否保留都可以

要求	符号	表示法示例	说明
在完工的零件上不允许保留中心孔		GB/T 4459.5-A1.6/3.35	采用 A 型中心孔 d=1.6, D=3.35 在完工的零件上不允许保留

表 A-5　中心孔的有关尺寸(摘自 GB/T 145—2001)　　　　　　　　(单位：mm)

d	型式							选择中心孔的参考数据(非标准内容)		
	A		B		C			D_{min}	D_{max}	G/t
	$D^{☆}$	$l_2^{☆}$	$D_2^{★}$	$l_2^{★}$	d	D_1				
1.6	3.35	1.52	5	1.99				6	>8～10	0.1
2	4.25	1.95	6.3	2.54				8	>10～18	0.12
2.5	5.3	2.42	8.0	3.20				10	>18～30	0.2
3.15	6.7	3.07	10.0	4.03	M3	5.8		12	>30～50	0.5
4	8.5	3.9	12.5	5.05	M4	7.4		15	>50～80	0.8
-5	10.6	4.85	16.0	6.41	M5	8.8		20	>80～120	1.0
6.3	13.2	5.98	18.0	7.36	M6	10.5		25	>120～180	1.5
-8	17.0	7.79	22.4	9.36	M8	13.2		30	>180～220	2.0
10	21.2	9.7	28	11.66	M10	16.3		40	>220～260	3.0

注：1. 括号内的尺寸尽量不要采用。
　　2. D_{min}—原料端部最小直径。
　　3. D_{max}—轴状材料最大直径。
　　4. G—工件最大质量。
　　5. ☆、★任选其一。

表 A-6　圆柱形轴伸(摘自 GB/T 1569—2005)　　　　　　　　(单位：mm)

d	l'	
	长系列	短系列
12, 14	30	25
16, 18, 19	40	28
20, 22, 24	50	36
25, 28	60	42
30, 32, 35, 38	80	58
40, 42, 45, 48, 50, 55, 56	110	82
60, 63, 65, 70, 71, 75	140	105
80, 85, 90, 95	170	130
100, 110, 120, 125	210	165
130, 140, 150	250	200
160, 170, 180	300	240
190, 200, 220	350	280
400, 420, 440, 450, 460, 480, 500	650	540
530, 560, 600, 630	800	680

d 的极限偏差

d	6～30	32～50	55～630
极限偏差	J6	K6	M6

表 A-7　机器轴高(摘自 GB/T 12217—2005)　　　　　　　　　　　　(单位：mm)

系列	轴高的基本尺寸 h
Ⅰ	25，40，63，100，160，250，400，630，1000，1600
Ⅱ	25，32，40，50，63，80，100，125，160，200，250，315，400，500，630，800，1000，1250，1600
Ⅲ	25，28，30，32，36，40，45，50，56，63，71，80，90，100，112，125，140，160，180，200，225，250，280，315，355，400，450，500，560，630，710，800，900，1000，1120，1250，1400，1600
Ⅳ	25，26，28，30，32，34，36，38，40，42，45，48，50，53，56，60，63，67，71，75，80，85，90，95，100，105，112，118，125，132，140，150，160，170，180，190，200，212，225，236，250，265，280，300，315，335，355，375，400，425，450，475，500，530，560，600，630，670，710，750，800，850，900，950，1000，1060，1120，1180，1250，1320，1400，1500，1600

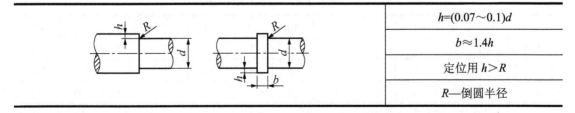

轴高 h	轴高的极限偏差		平行度公差		
	电动机、从动机器、减速机器等	除电动机以外的主动机器	L<2.5h	2.5h≤L≤4h	L>4h
>50～250	0 / −0.5	0.5 / 0	0.25	0.4	0.5
>250～630	0 / −1	1 / 0	0.5	0.75	1
>630～1000	0 / −1.5	1.5 / 0	0.75	1	1.5
>1000	0 / −2	2 / 0	1	1.5	2

注：1. 机器轴高应优先选用第Ⅰ系列数值，如不能满足需要，可选用第Ⅱ系列数值，其次选用第Ⅲ系列数值，尽量不采用第Ⅳ系列数值。
2. h 不包括安装时所用的垫片。L 为轴的全长。

表 A-8　轴肩和轴环尺寸(参考)　　　　　　　　　　　　(单位：mm)

	h=(0.07～0.1)d
	b≈1.4h
	定位用 h>R
	R—倒圆半径

表 A-9　零件倒圆与倒角(摘自 GB/T 6403.4—2008)　　　　　　(单位：mm)

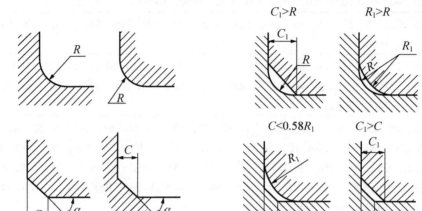

倒圆、倒角尺寸													
R 或 C	0.1	0.2	0.3	0.4	0.5	0.6	0.8	1.0	1.2	1.6	2.0	2.5	3.0
	4.0	5.0	6.0	8.0	10	12	16	20	25	32	40	50	—

与直径ϕ相应的倒角 C、倒圆 R 的推荐值													
ϕ	~3	>3~6	>6~10	>10~18	>18~30	>30~50	>50~80	>80~120	>120~180	>180~250	>250~320	>320~400	>400~500	>500~630	>630~800	>800~1000
C 或 R	0.2	0.4	0.6	0.8	1.0	1.6	2.0	2.5	3.0	4.0	5.0	6.0	8.0	10	12	16

内角倒角，外角倒圆时 C_{max} 与 R_1 的关系

| R_1 | 0.1 | 0.2 | 0.3 | 0.4 | 0.5 | 0.6 | 0.8 | 1.0 | 1.2 | 1.6 | 2.0 | 2.5 | 3.0 | 4.0 | 5.0 | 6.0 | 8.0 | 10 | 12 | 16 | 20 | 25 |
| $C_{max}(C<0.58R_1)$ | — | | 0.1 | | | 0.2 | 0.3 | 0.4 | 0.5 | 0.6 | 0.8 | 1.0 | 1.2 | 1.6 | 2.0 | 2.5 | 3.0 | 4.0 | 5.0 | 6.0 | 8.0 | 10 | 12 |

注：α 一般采用 45°，也可采用 30° 或 60°。

表 A-10　圆形零件自由过渡圆角(参考)　　　　　　(单位：mm)

$D-d$	2	5	8	10	15	20	25	30	35	40
R	1	2	3	4	5	8	10	12	12	16
$D-d$	50	55	65	70	90	100	130	140	170	180
R	16	20	20	25	25	30	30	40	40	50

注：尺寸 $D-d$ 是表中数值的中间值时，则按较小尺寸来选取 R。例如，$D-d=98$mm，则按 90mm 选 $R=25$mm。

表 A-11　铸件最小壁厚(砂型铸造)　　　　　　　　　　　　(单位：mm)

材料	小型铸件≤200×200	中型铸件(200×200)～(500×500)	大型铸件>500×500
灰铸铁	3～5	8～10	12～15
可锻铸铁	2.5～4	6～2	
球墨铸铁	>6	12	
铸钢	>8	10～12	15～20
铝	3	4	

表 A-12　铸造过渡斜度(摘自 JB/ZQ 4254—2006)　　　　　　(单位：mm)

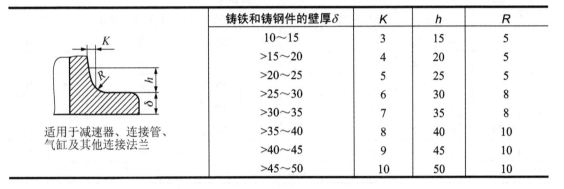

适用于减速器、连接管、气缸及其他连接法兰

铸铁和铸钢件的壁厚 δ	K	h	R
10～15	3	15	5
>15～20	4	20	5
>20～25	5	25	5
>25～30	6	30	8
>30～35	7	35	8
>35～40	8	40	10
>40～45	9	45	10
>45～50	10	50	10

表 A-13　铸造外圆角(摘自 JB/ZQ 4256—2006)

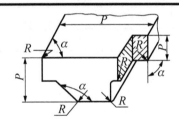

表面的最小边尺寸 P/mm	R/mm					
	外圆角 α					
	<50°	51°～75°	76°～105°	106°～135°	136°～165°	>165°
≤25	2	2	2	4	6	8
>25～60	2	4	4	6	10	16
>60～160	4	4	6	8	16	25
>160～250	4	6	8	12	20	30
>250～400	6	8	10	16	25	40
>400～600	6	8	12	20	30	50

表 A-14　铸造内圆角(摘自 JB/ZQ 4255—2006)

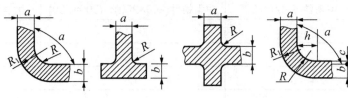

$\dfrac{a+b}{2}$ /mm	R/mm											
	内圆角 α											
	<50°		51°~75°		76°~105°		106°~135°		136°~165°		>165°	
	钢	铁	钢	铁	钢	铁	钢	铁	钢	铁	钢	铁
≤8	4	4	4	4	6	4	8	6	16	10	20	16
9~12	4	4	4	4	6	6	10	8	20	12	25	20
13~16	4	4	6	4	8	6	12	10	20	16	30	25
17~20	6	4	8	6	10	8	16	12	25	20	40	30
21~27	6	6	10	8	12	10	20	16	30	25	50	40

C 和 h/mm				
b/a	<0.4	0.5~0.65	0.66~0.8	>0.8
C≈	0.7(a~b)	0.8(a~b)	a~b	—
h≈	钢	8c		
	铁	9c		

附录 B 电动机

表 B-1 Y 系列(IP44)电动机的技术参数(摘自 JB/T 9616—1999)

电动机型号	额定功率/kW	满载转速/(r/min)	堵转转矩/额定转矩	最大转矩(N·m)/额定转矩	电动机型号	额定功率/kW	满载转速/(r/min)	堵转转矩/额定转矩	最大转矩/额定转矩
同步转速 3000r/min，2 极					同步转速 1500r/min，4 极				
Y801-2	0.75	2825	2.2	2.2	Y801-4	0.55	1390	2.2	2.2
Y802-2	1.1	2825	2.2	2.2	Y802-4	0.75	1390	2.2	2.2
Y90S-2	1.5	2840	2.2	2.2	Y90S-4	1.1	1400	2.2	2.2
Y90L-2	2.2	2840	2.2	2.2	Y90L-4	1.5	1400	2.2	2.2
Y100L-2	3	2880	2.2	2.2	Y100L1-4	2.2	1420	2.2	2.2
Y112M-2	4	2890	2.2	2.2	Y100L2-4	3	1420	2.2	2.2
Y132S1-2	5.5	2900	2.0	2.2	Y112M-4	4	1440	2.2	2.2
Y132S2-2	7.5	2900	2.0	2.2	Y132S-4	5.5	1440	2.2	2.2
Y160M1-2	11	2930	2.0	2.2	Y132M-4	7.5	1440	2.2	2.2
Y160M2-2	15	2930	2.0	2.2	Y160M-4	11	1460	2.2	2.2
Y160L-2	18.5	2930	2.0	2.2	Y160L-4	15	1460	2.2	2.2
Y180M-2	22	2950	2.0	2.2	Y180M-4	18.5	1470	2.0	2.2
Y200L1-2	30	2950	2.0	2.2	Y180L-4	22	1470	2.0	2.2
Y200L2-2	37	2950	2.0	2.2	Y200L-4	30	1470	2.0	2.2
Y225M-2	45	2970	2.0	2.2	Y225S-4	37	1480	1.9	2.2
Y250M-2	55	2970	2.0	2.2	Y225M-4	45	1480	1.9	2.2
同步转速 1000r/min，6 极					Y250M-4	55	1480	2.0	2.2
Y90S-6	0.75	910	2.0	2.0	Y280S-4	75	1480	1.9	2.2
Y90L-6	1.1	910	2.0	2.0	同步转速 750r/min，8 极				
Y100L-6	1.5	940	2.0	2.0	Y132S-8	2.2	710	2.0	2.0
Y112M-6	2.2	940	2.0	2.0	Y132M-8	3	710	2.0	2.0
Y132S-6	3	960	2.0	2.0	Y160M1-8	4	720	2.0	2.0
Y132M1-6	4	960	2.0	2.0	Y160M2-8	5.5	720	2.0	2.0
Y132M2-6	5.5	960	2.0	2.0	Y160L-8	7.5	720	2.0	2.0
Y160M-6	7.5	970	2.0	2.0	Y180L-8	11	730	1.7	2.0
Y160L-6	11	970	2.0	2.0	Y200L-8	15	730	1.8	2.0
Y180L-6	15	970	1.8	2.0	Y225S-8	18.5	730	1.7	2.0

续表

电动机型号	额定功率/kW	满载转速/(r/min)	堵转转矩/额定转矩	最大转矩/额定转矩	电动机型号	额定功率/kW	满载转速/(r/min)	堵转转矩/额定转矩	最大转矩/额定转矩
同步转速 1000r/min，6 极					同步转速 750r/min，8 极				
Y200L1-6	18.5	970	1.8	2.0	Y225M-8	22	730	1.8	2.0
Y200L2-6	22	970	1.8	2.0	Y250M-8	30	730	1.8	2.0
Y225M-6	30	980	1.7	2.0	Y280S-8	37	740	1.8	2.0
Y250M-6	37	980	1.8	2.0	Y280M-8	45	740	1.8	2.0
Y280S-6	45	980	1.8	2.0					
Y280M-6	55	980	1.8	2.0					

注：电动机型号的意义：以 Y132S2-2-B3 为例，Y 表示系列代号，132 表示机座中心高，S2 表示短机座第二种铁心长度(M—中机座，L—长机座)，2 为电动机的极数，B3 表示安装型式。

表 B-2 Y 系列电动机的安装代号

安装型式	基本安装型	由 B3 派生安装型				
	B3	V5	V6	B6	B7	B8
示意图	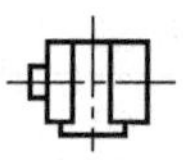	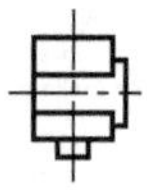	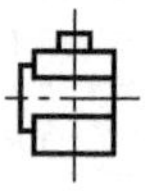			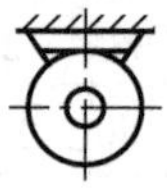
中心高/mm	80～280	80～160				

安装型式	基本安装型	由 B5 派生安装型		基本安装型	由 B35 派生安装型	
	B5	V1	V3	B35	V15	V36
示意图	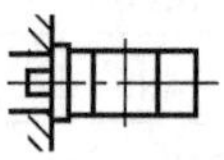	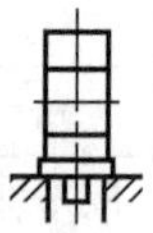		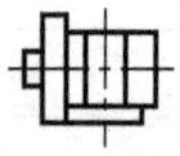	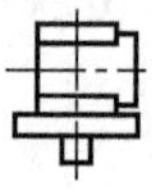	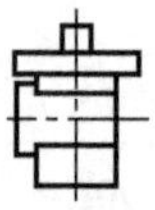
中心高/mm	80～225	80～280	80～160	80～280	80～160	

表 B-3 机座带底脚、端盖无凸缘(B3、B6、B7、B8、V5、V6 型)电动机的安装及外形尺寸 (单位:mm)

机座号	极数	安装尺寸及公差																		外形尺寸			
		A 公称尺寸	A2 公称尺寸	B 公称尺寸	C 公称尺寸	C 极限偏差	D 公称尺寸	D 极限偏差	E 公称尺寸	E 极限偏差	F 公称尺寸	F 极限偏差	G 公称尺寸	G 极限偏差	H 公称尺寸	H 极限偏差	K 公称尺寸	K 极限偏差	位置度公差	AB	AC	AD	HD	L
80M	2、4	125	62.5	100	50	±1.5	19	+0.018 +0.002	40	±0.310	6	0 -0.030	15.5	0 -0.10	80	0 -0.5	10	+0.43 0	φ1.0 Ⓜ	165	175	150	175	290
90S	2、4、6	140	70	100	56	±1.5	24		50	±0.370	8		20		90					180	195	160	195	315
90L	2、4、6	140	70	125	56	±1.5	24		50	±0.370	8		20		90					180	195	160	195	340
100L	2、4、6	160	80	140	63	±1.5	28		60	±0.370	8	-0.036	24		100		12			205	215	180	245	380
112M		190	95	140	70	±1.5	28		60	±0.370	8		24		112		12			245	240	190	265	400
132S	2、4、6、8	216	108	140	89	±3.0	38		80	±0.430	10		33		132		12			280	275	210	315	475
132M		216	108	178	89	±3.0	38		80	±0.430	10		33		132		12			280	275	210	315	515
160M	2、4、6、8	254	127	210	108	±3.0	42		110	±0.430	12		37	0 -0.20	160		15		φ1.2 Ⓜ	330	335	265	385	605
160L		254	127	254	108	±3.0	42		110	±0.430	12		37		160		15			330	335	265	385	650
180M		279	139.5	241	121	±3.0	48	+0.030 +0.011	110	±0.430	14	0 -0.043	42.5		180		15			355	380	285	430	670
180L		279	139.5	279	121	±3.0	48		110	±0.430	14		42.5		180		15			355	380	285	430	710
200L		318	159	305	133	±3.0	55		110	±0.430	16		49		200		19	+0.52 0		395	420	315	475	775
225S	4、8	356	178	286	149	±4.0	60		140	±0.500	18		53		225		19			435	475	345	530	820
225M	2	356	178	311	149	±4.0	55		110	±0.500	18		49		225		19			435	475	345	530	815
225M	4、6、8	356	178	311	149	±4.0	60		140	±0.500	18		53		225		19			435	475	345	530	845
250M	2	406	203	349	168		60								250		24		φ2.0 Ⓜ	490	515	385	575	930

续表

机座号	极数	安装尺寸及公差												外形尺寸				
		A 公称尺寸	A2 公称尺寸	A2 极限偏差	B 公称尺寸	C 公称尺寸	D 公称尺寸	E 公称尺寸	F 公称尺寸	F 极限偏差	G 公称尺寸	H 公称尺寸	H 极限偏差	K 公称尺寸	K 位置度公差	AB	AC	AD	HD	L
280S	4, 6, 8	457	228.5	Ⓜ	368	190	65		20	0 / -0.052	58	280		28		550	580	410	640	1000
280S	2						75		18	0 / -0.043	67.5									1050
280M	4, 6, 8				419		65		20	0 / -0.052	58									1240
280M	2						75		18	0 / -0.043	67.5									1270
315S	4, 6, 8, 10	506	254	Ⓜ	406	216	65	170	22	0 / -0.052	58	315	0 / -0.10	28	$\phi 20$ Ⓜ	744	645	576	865	1310
315S	2						80	140	18	0 / -0.043	71									1340
315M	4, 6, 8, 10				457		65	170	22	0 / -0.052	58									1310
315M	2						80	140	18	0 / -0.043	71									1340
315L	4, 6, 8, 10				508		65	170	22	0 / -0.052	58									
315L	2						80		18	0 / -0.043	71									

附录 C 联轴器

表 C-1 联轴器轴孔和键槽的形式、代号及系列尺寸(摘自 GB/T 3852—2008)

(单位：mm)

轴孔	长圆柱形轴孔 (Y型)	有沉孔的短圆柱形轴孔 (J型)	无沉孔的短圆柱形轴孔 (J_1型)	有沉孔的圆锥形轴孔 (Z型)
键槽	A型		B型	C型

直径	轴孔长度 L			沉孔		C型键槽			直径	轴孔长度 L			沉孔		C型键槽		
	Y型	J、J_1、Z型	L_1	d_1	R	b	公差尺寸	极限偏差	$d、d_z$	Y型	J、J_1、Z型	L_1	d_1	R	b	公差尺寸	极限偏差
$d、d_z$																		
16	42	30	42	38	1.5	3	8.7	+0.1	55	112	84	112	95	2.5	14	29.2	+0.2
18						4	10.1		56							29.7	
19							10.6		60	142	107	142	105		16	31.7	

续表

直径	轴孔长度 L			沉孔		C型键槽			直径	轴孔长度 L			沉孔		C型键槽		
d、d_z	Y型	J、J_1、Z型	L_1	d_1	R	b	公差尺寸	极限偏差	d、d_z	Y型	J、J_1、Z型	L_1	d_1	R	b	公差尺寸	极限偏差
20	52	38					10.9		63				120			32.2	
22	52	38	52				11.9		65				120	3		34.2	
24	62	44					13.4		70				120	3	18	36.8	
25	62	44	62	48		5	13.7		71				120	3	18	37.3	
28	62	44	62	48	2	5	15.2		75	172	132	172	140	3	18	39.3	
30	82	60		55	2	5	15.8		80	172	132	172	140	3	20	41.6	
32	82	60	82	55	2	5	17.3		85	172	132	172	160	3	20	44.1	
35	82	60	82	65	2	5	18.3		90	212	167	212	160	3	22	47.1	
38	82	60	82	65	2	5	20.3	+0.2	95	212	167	212	160	3	22	49.6	
40	112	82		80	2	5	21.2		100	252	202	252	180	3	25	51.3	
42	112	82	112	80	2	5	22.2		110	252	202	252	180	4	25	56.3	
45	112	82	112	80	2	5	23.7		120	252	202	252	210	4	28	62.3	
48	112	82	112	95	2	5	25.2		125	252	202	252	210	4	28	64.8	
50	112	82	112	95	2	5	26.2		130	252	202	252	235	4	28	66.4	

注：无沉孔的圆锥形轴孔（Z_1 型）和 B_1 型、D 型键槽尺寸，详见 GB 3852—2008。

表 C-2　凸缘联轴器(摘自 GB/T 5843—2003)

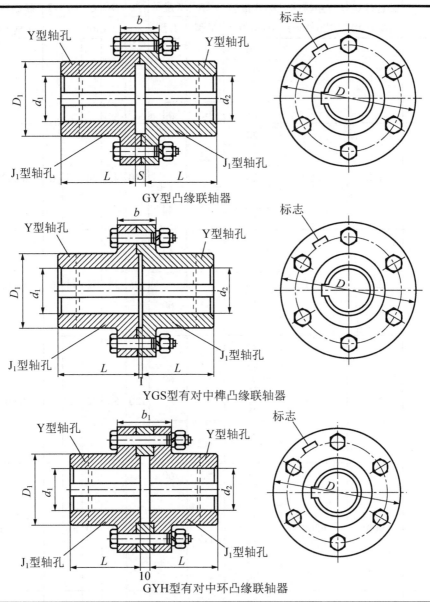

型号	公称转矩 T_n/(N·m)	许用转速 $[n]$/(r/min)	轴孔直径 d_1、d_2/mm	轴孔长度 Y型	轴孔长度 J_1型	D	D_1	b	b_1	S	转动惯量 J/(kg·m²)	质量 m/kg
						mm						
GY1 GYS1 GYH1	25	12 000	12 14 16 18 19	32 42	27 30	80	30	26	42	6	0.0008	L16
GY2 GYS2 GYH2	63	10 000	16 18 19	42	30	90	40	28	44	6	0.0015	1.72

续表

型号	公称转矩 T_n/(N·m)	许用转速 $[n]$/(r/min)	轴孔直径 d_1、d_2/mm	轴孔长度 Y型	轴孔长度 J_1型	D	D_1	b	b_1	S	转动惯量 J/(kg·m²)	质量 m/kg
								mm				
			20	52	38							
			22									
			24									
			25	62	44							
GY3 GYS3 GYH3	112	9500	20	52	38	100	45	30	46	6	0.0025	2.38
			22									
			24									
			25	62	44							
			28									
GY4 GYS4 GYH4	224	9000	25	62	44	105	55	32	48	6	0.003	3.15
			28									
			30	82	60							
			32									
			35									
GY5 GYS5 GYH5	400	8000	30	82	60	120	68	36	52	8	0.007	5.43
			32									
			35									
			38									
			40	112	84							
			42									
GY6 GYS6 GYH6	900	6800	38	82	60	140	80	40	56	8	0.015	7.59
			40									
			42									
			45	112	84							
			48									
			50									
GY7 GYS7 GYH7	1600	6000	48	112	84	160	100	40	56	8	0.031	13.1
			50									
			55									
			56									
			60	142	107							
			63									

注：质量、转动惯量是按GY型联轴器Y/J_1轴孔组合式和最小轴孔直径计算的。

表 C-3 弹性套柱销联轴器（摘自 GB/T 4323—2002）

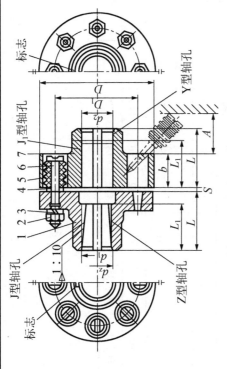

1、7—半联轴器；2—螺母；3—弹簧垫圈；4—挡圈；5—弹性套；6—柱销

型号	许用转矩 [T]/(N·m)	许用转速 [n]/(r/min)		轴孔直径/mm			轴孔长度/mm			D	b	S	$A\leqslant$	质量/kg	转动惯性 J/(kg·m²)
		铁	钢	铁	钢		Y型 L	J、J_1、Z型 L_1	$L_{槽}$	mm					
LT3	31.5	4700	6300	20	16、18、19		42	30	38	95	23	4	35	1.96964	0.00216
LT4	63	4200	5700	—	20、22		52	38		106				2.45319	0.00336
					25、28		62	44	40						
LT5	125	3600	4600	30、32	25、28		62	44		130	38	5	45	5.30237	0.01099
					30、32、35		82	60	50						

续表

型号	许用转矩 T/(N·m)	许用转速 n/(N·m) 铁	许用转速 n/(N·m) 钢	轴孔直径/mm 铁	轴孔直径/mm 钢	轴孔长度/mm Y型 L	轴孔长度/mm J、J_1、Z型 L_1	轴孔长度/mm $L_{推荐}$	D	B	S	$A\leqslant$	质量/kg	转动惯性 J/(kg·m²)
LT6	250	3300	3800	40	32、35、38	112	84	55	160				8.37966	0.02552
LT7	500	2800	3600	40、42、45	40、42	112	84	65	190				12.1774	0.05091
LT8	710	2400	3000	45、48、50、55	40、42、45、48	142	107	70	224				19.7141	0.12084
				—	56									
LT9	1000	2100	2850	50、50、56	60、63	112	84	80	250	48	6	65	25.7532	0.19045
				—	60、63	142	107							
TL10	2000	1700	2300	63、65、70、71、75	65、70、71	142	107	100	315	58	8	80	50.3517	0.57998
				80、85	80、85、90、95	172	132							

表 C-4 弹性柱销联轴器(摘自 GB/T 5014—2003)

| 型号 | 公称转矩 T_n/(N·m) | 许用转速 [n]/(r/min) | 轴孔直径 d_1、d_2、d_z/mm | 轴孔长度/mm | | | D | D_1 | b | s | 转动惯量 J/(kg·m²) | 质量 m/kg |
| | | | | Y型 | J、J_1、Z型 | | | | mm | | | |
				L	L	L_1						
LX1	250	8500	12、14	32	27	—	90	40	20	2.5	0.002	2
			16、18、19	42	30	42						
			20、22、24	52	38	52						
LX2	560	6300	20、22、24	52	38	52	120	55	28	2.5	0.009	5
			25、28	62	44	62						
			30、32、35	82	60	82						

续表

型号	公称转矩 T_n/(N·m)	许用转速 [n]/(r/min)	轴孔直径 d_1、d_2、d_z/mm	轴孔长度/mm Y型 L	轴孔长度/mm J、J_1、Z型 L	轴孔长度/mm J、J_1、Z型 L_1	D	D_1	b (mm)	s	转动惯量 J/(kg·m²)	质量 m/kg
LX3	1250	4750	30、32、35、38	82	60	82	160	75	36	2.5	0.026	8
			112、84、112 45、48	112	84	112						
LX4	2500	3870	40、42、45、48、50、55、56 60、63	112	84	112	195	100	45	3	0.109	22
				142	107	142						
LX5	3150	3450	50、55、56 60、63、65、70、71、75	112	84	112	230	120	45	3	0.191	30
				142	107	142						
LX6	6300	2720	60、63、65、70、71、75 80、85	142	107	142	280	140	56	4	0.543	53
				172	132	172						
LX7	11200	2360	70、71、75 80、85、90、95 100、110	142	107	142	320	170	56	4	1.314	98
				172	132	172						
				212	167	212						
LX8	16000	2120	80、85、90、95 100、110、120、125	172	132	172	360	200	56	5	2.023	119
				212	167	212						

注：质量、转动惯量是按J/Y轴孔组合型式和最小轴孔直径计算的。

附录 D 标准联接件

表 D-1 普通螺纹的基本尺寸(摘自 GB/T 196—2003)   (单位：mm)

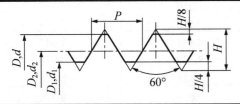

标记示例：
公称直径为 M24，螺距为 3mm，右旋的粗牙普通螺纹，其标记为 M24
公称直径为 M24，螺距为 1.5mm，左旋的细牙普通螺纹，其标记为 M24×1.5-LH

公称直径(大径)D、d	螺距 P	中径 D_2、d_2	小径 D_1、d_1
1	0.25	0.838	0.729
	0.2	0.870	0.783
1.1	0.25	0.938	0.829
	0.2	0.970	0.883
1.2	0.25	1.038	0.929
	0.2	1.070	0.983
1.4	0.3	1.205	1.075
	0.2	1.270	1.183
1.6	0.35	1.373	1.221
	0.2	1.470	1.383
1.8	0.35	1.573	1.421
	0.2	1.670	1.583
2	0.4	1.740	1.567
	0.25	1.838	1.729
2.2	0.45	1.908	1.713
	0.25	2.038	1.929
2.5	0.45	2.208	2.013
	0.35	2.273	2.121
3	0.5	2.675	2.459
	0.35	2.773	2.621
3.5	0.6	3.110	2.850
	0.35	3.273	3.121
4	0.7	3.545	3.242
	0.5	3.675	3.459
4.5	0.75	4.013	3.688
	0.5	4.175	3.959
5	0.8	4.480	4.134
	0.5	4.675	4.459
5.5	0.5	5.175	4.959
6	1	5.350	4.917
	0.75	5.513	5.188

续表

公称直径(大径)D、d	螺距 P	中径 D_2、d_2	小径 D_1、d_1
7	1	6.350	5.917
	0.75	6.513	6.188
8	1.25	7.188	6.647
	1	7.350	6.917
	0.75	7.513	7.188
9	1.25	8.188	7.647
	1	8.350	7.917
	0.75	8.513	8.188
10	1.5	9.026	8.376
	1.25	9.188	8.647
	1	9.350	8.917
	0.75	9.513	9.188
11	1.5	10.026	9.376
	1	10.350	9.917
	0.75	10.513	10.188
12	1.75	10.863	10.106
	1.5	11.026	10.376
	1.25	11.188	10.647
	1	11.350	10.917
14	2	12.701	11.835
	1.5	13.026	12.376
	1.25	13.188	12.647
	1	13.350	12.917
15	1.5	14.026	13.376
	1	14.350	13.917
16	2	14.701	13.835
	1.5	15.026	14.376
	1	15.350	14.917
17	1.5	16.026	15.376
	1	16.350	15.917
18	2.5	16.376	15.294
	2	16.701	15.835
	1.5	17.026	16.376
	1	17.350	16.917
20	2.5	18.376	17.294
	2	18.701	17.835
	1.5	19.026	18.376
	1	19.350	18.917
22	2.5	20.376	19.294
	2	20.701	19.835
	1.5	21.026	20.376
	1	21.350	20.917

续表

公称直径(大径)D、d	螺距 P	中径 D_2、d_2	小径 D_1、d_1
24	3	22.051	20.752
	2	22.701	21.835
	1.5	23.026	22.376
	1	23.350	22.917
25	2	23.701	22.835
	1.5	24.026	23.376
	1	24.350	23.917
26	1.5	25.026	24.376
27	3	25.051	23.752
	2	25.701	24.835
	1.5	26.026	25.376
	1	26.350	25.917
28	2	26.701	25.835
	1.5	27.026	26.376
	1	27.350	26.917
30	3.5	27.727	26.211
	3	28.051	26.752
	2	28.701	27.835
	1.5	29.026	28.376
	1	29.350	28.917
32	2	30.701	29.835
	1.5	31.026	30.376
33	3.5	30.727	29.211
	3	31.051	29.752
	2	31.701	30.835
	1.5	32.026	31.376
35	1.5	34.026	33.376
36	4	33.402	31.670
	3	34.051	32.670
	2	34.701	33.835
	1.5	35.026	34.376
38	1.5	37.026	36.376
39	4	36.042	34.670
	3	37.051	35.752
	2	37.701	36.835
	1.5	38.026	37.537
40	3	38.051	36.752
	2	38.701	37.835
	1.5	39.026	38.376
42	4.5	39.077	37.129
	4	39.042	37.670
	3	40.051	38.752
	2	40.701	39.835
	1.5	41.026	40.376

续表

公称直径(大径)D、d	螺距 P	中径 D_2、d_2	小径 D_1、d_1
45	4.5	42.077	40.129
	4	42.402	40.670
	3	43.051	41.752
	2	43.701	42.835
	1.5	44.026	43.376
48	5	44.752	42.587
	4	45.402	43.670
	3	46.051	44.752
	2	46.701	45.835
	1.5	47.026	46.376
50	3	48.051	46.752
	2	48.701	47.835
	1.5	49.026	48.376
52	5	48.752	46.587
	4	49.402	47.670
	3	50.051	48.752
	2	50.701	49.835
	1.5	51.026	50.379
55	4	52.402	50.670
	3	53.051	51.752
	2	53.701	52.835
	1.5	54.026	53.376
56	5.5	52.482	50.046
	4	53.402	51.670
	3	54.051	52.752
	2	54.701	53.835
	1.5	55.026	54.376
58	4	55.402	53.670
	3	56.051	54.752
	2	56.701	55.835
	1.5	57.026	56.376
60	5.5	56.428	54.046
	4	57.402	55.670
	3	58.051	56.752
	2	58.701	57.835
	1.5	59.026	58.376
62	4	59.402	57.670
	3	60.051	58.752
	2	60.701	59.835
	1.5	61.026	60.376

表 D-2 六角头螺栓(摘自 GB/T 5780—2016、GB/T 5781—2016)　　　　(单位：mm)

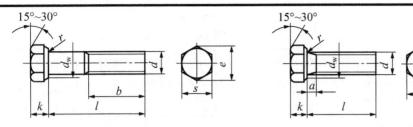

六角头螺栓 C级(GB/T 5780—2016)　　　　六角头螺栓全螺纹 C级(GB/T 5781—2016)

标记示例

螺纹规格 d=M12、公称长度 l=80mm、性能等级为 4.8 级、不经表面处理、C 级的六角头螺栓标记为

螺栓　GB/T 5780　M12×80

螺纹规格 d		M5	M6	M8	M10	M12	(M14)	M16	(M18)	M20	(M22)	M24	(M27)	M30	M36
s(公称)		8	10	13	16	18	21	24	27	30	34	36	41	46	55
k(公称)		3.5	4	5.3	6.4	7.5	8.8	10	11.5	12.5	14	15	17	18.7	22.5
r_{min}		0.2	0.25	0.4			0.6				0.8			1	
e_{min}		8.6	10.9	14.2	17.6	19.9	22.8	26.2	29.6	33	37.3	39.6	45.2	50.9	60.8
a_{max}		2.4	3	4	4.5	5.3		6			7.5		9	10.5	12
d_w		6.7	8.7	11.5	14.5	16.5	19.2	22	24.9	27.7	31.4	33.3	38	42.8	51.1
b(参考)	l≤125	16	18	22	26	30	34	38	42	46	50	54	60	66	78
	125<l≤200	—	—	28	32	36	40	44	48	52	56	60	66	72	84
	l>200	—	—	—	—	—	53	57	61	65	69	73	79	85	97
l(公称) GB/T 5780—2016		25~ 50	30~ 60	40~ 80	45~ 100	55~ 120	60~ 140	65~ 160	80~ 180	80~ 200	90~ 220	100~ 240	110~ 260	120~ 300	140~ 360
全螺纹长度l GB/T 5780—2016		10~ 50	12~ 60	16~ 80	20~ 100	25~ 120	30~ 140	35~ 160	35~ 180	40~ 200	45~ 220	50~ 240	55~ 280	60~ 300	70~ 360
100mm 长的 质量/kg		0.013	0.020	0.037	0.063	0.090	0.127	0.127	0.223	0.282	0.359	0.424	0.566	0.721	1.100
l 系列(公称)		10，12，16，20，25，30，35，40，50，55，60，65，70，80，90，100，110，120，130， 140，150，160，180，200，220，240，260，280，300，320，340，360，380，400，420， 440，480，500													
技术条件		GB/T 5780 螺纹公差 8g GB/T 5781 螺纹公差 8g			材料：钢			性能等级 d≤39mm：选 3.6、 4.6、4.8 d>39mm：按协议				表面处理：不经处 理，电镀、非电解锌 粉覆盖			产品 等级 C

注：1. M5～M36 为商品规格，为销售储备的产品最通用的规格。
　　2. M42～M64 为通用规格，较商品规格低一档，有时买不到要现制造。
　　3. 带括号的为非优选的螺纹规格。
　　4. 螺纹末端按 GB/T 2 的规定。
　　5. 表面处理：电镀技术按要求 GB/T 5267；非电解锌粉覆盖技术要求按 ISO 10683；如需其他表面镀层或表面处理，应由双方协议。
　　6. GB/T 5780 增加了短规格，推荐采用 GB/T 5781 全螺纹螺栓。

表 D-3　六角头螺栓(摘自 GB/T 5782—2016、GB/T 5783—2016)　　(单位：mm)

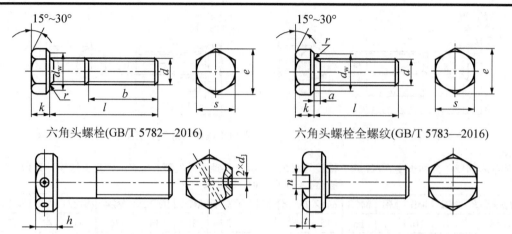

六角头螺栓(GB/T 5782—2016)　　　　六角头螺栓全螺纹(GB/T 5783—2016)

六角头头部带孔螺栓A和B级(GB/T 32.1—1988)　　六角头头部带槽螺栓A和B级(GB/T 29.1—2013)
其余的形式与尺寸按GB/T 5782规定　　　　其余的形式与尺寸按GB/T 5783规定

标记示例

螺纹规格 d=M12、公称长度 l=80mm、性能等级为8.8级、表面氧化、A级的六角螺栓标记为

螺栓　GB/T 5782　M12×80

螺纹规格 d		M3	M4	M5	M6	M8	M10	M12	M(14)	M16	M(18)	M20	M(22)	M24	M27	M30	M36
s(公称)		5.5	7	8	10	13	16	18	21	24	27	30	34	36	41	46	55
k(公称)		2	2.8	3.5	4	5.3	6.4	7.5	8.8	10	11.5	12.5	14	15	17	18.7	22.5
r_{min}		0.1	0.2		0.25	0.4		0.6				0.8				1	
e_{max}	A	6.01	7.66	8.79	11.05	14.38	17.77	20.03	23.36	26.75	30.14	33.53	37.72	39.98	—	—	—
	B	5.88	7.50	8.63	10.89	14.20	17.59	19.85	22.78	26.17	29.56	32.95	37.29	39.55	45.2	50.85	60.79
e_{min}	A	4.57	5.885	6.88	8.88	11.63	14.63	16.63	19.64	22.46	25.34	28.19	31.71	33.61	—	—	—
	B	4.45	5.74	6.74	8.74	11.47	14.47	16.47	19.15	22	24.85	27.7	31.35	33.25	38	42.75	51.11
b(参考)	l≤125	12	14	16	18	22	26	30	34	38	42	46	50	54	60	66	—
	125<l≤200	18	20	22	24	28	32	36	40	44	48	52	56	60	66	72	84
	l>200	31	33	35	37	41	45	49	53	57	61	65	69	73	79	85	97
a		1.5	2.1	2.4	3	3.75	4.5	5.25	6			7.5			9	10.5	12
n		0.8	1.2		1.6	2	2.5	3	—	—	—	—	—	—	—	—	—
t		0.7	1	1.2	1.4	1.9	2.4	3	—	—	—	—	—	—	—	—	—
h≈		—	—	—	2.0	2.6	3.2	3.7	4.4	5.0	5.7	6.2	7.0	7.5	8.5	9.3	11.2
l(范围值)		20~30	25~40	25~40	30~60	40~80	45~100	50~140	60~140	65~160	70~180	80~200	90~220	80~240	100~260	110~300	140~360
全螺纹长度 l		6~30	8~40	10~50	12~60	16~80	0~100	25~120	30~140	30~150	35~180	40~150	45~200	50~150	55~200	60~200	70~200
L 系列		2, 3, 4, 6, 8, 10, 12, 16, 20, 25, 30, 35, 40, 45, 50, 55, 60, 65, 70, 80, 90, 100, 110, 120, 130, 140, 150, 160, 180, 200, 220, 260, 280, 300, 320, 340, 360, 380, 400, 420, 440, 460, 480, 500																

注：1. 产品等级 A 用于 l≤24mm 和 l≤10d 或 l≤150mm 的螺栓，B级用于 d >24mm 和 l >10d 或 l >150mm 的螺栓(按较小值，A级比B级精确)。
　　2. M3~M36 为商品规格，括号内的螺纹规格尽量不选用。
　　3. 螺纹末端按 GB/T 2 的规定。

表 D-4 开槽螺钉 (单位 mm)

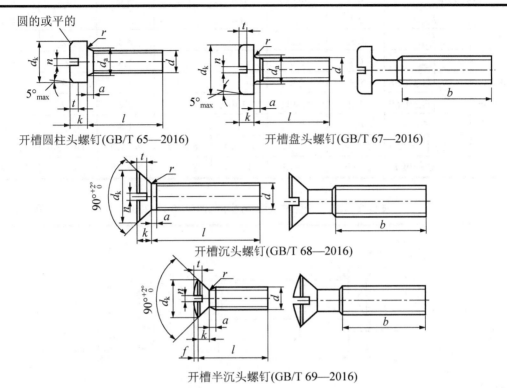

开槽圆柱头螺钉(GB/T 65—2016)
开槽盘头螺钉(GB/T 67—2016)
开槽沉头螺钉(GB/T 68—2016)
开槽半沉头螺钉(GB/T 69—2016)

标记示例
螺纹规格 d=M5、公称长度 l=20mm、性能等级为 4.8 级、不经表面处理的开槽圆柱头螺钉标记为
螺钉 GB/T 65 M5×20

	螺纹规格 d	M3	M(3.5)	M4	M5	M6	M8	M10
	a_{max}	1	1.2	1.4	1.6	2	2.5	3
	b_{min}	25	38					
	n(公称)	0.8	1	1.2		1.6	2	2.5
GB/T 65	$d_{k max}$	5.5	6	7	8.5	10	13	16
	k_{max}	2	2.4	2.6	3.3	3.9	5	6
	t_{min}	0.85	1	1.1	1.3	1.6	2	2.4
	$d_{a max}$	3.6	4.1	4.7	5.7	6.8	9.2	11.2
	r_{min}	0.1		0.2		0.25	0.4	
	商品规格长度 l	4～30	5～35	5～40	6～50	8～60	10～80	12～80
	全螺纹长度 l	4～30	5～40	5～40	6～40	8～40	10～40	12～40
GB/T 67	$d_{k max}$	5.6	7	8	9.5	12	16	20
	k_{max}	1.8	2.1	2.4	3	3.6	4.8	6
	t_{min}	0.7	0.8	1	1.2	1.4	1.9	2.4
	$d_{a max}$	3.6	4.1	4.7	5.7	6.8	9.2	11.2
	r_{min}	0.1		0.2		0.25	0.4	
	商品规格长度 l	4～30	5～35	5～40	6～50	8～60	10～80	12～80
	全螺纹长度 l	4～30	5～40	5～40	6～40	8～40	10～40	12～40

续表

螺纹规格 d		M3	M(3.5)	M4	M5	M6	M8	M10
GB/T 68、GB/T 69	d_{kmax}	5.5	7.3	8.4	9.3	11.3	15.8	18.3
	k_{max}	1.65	2.35	2.7	2.7	3.3	4.65	5
	r_{min}	0.8	0.9	1	1.3	1.5	2	2.5
	t_{min} GB/T 68	0.6	0.9	1	1.1	1.2	1.8	2
	t_{min} GB/T 69	1.2	1.45	1.6	2	2.4	3.2	3.8
	f	0.7	0.8	1	1.2	1.4	2	2.3
	商品规格长度 l	5~30	6~35	6~40	8~50	8~60	10~80	12~80
	全螺纹长度 l	5~30	6~45	6~45	8~45	8~45	10~45	12~45

表 D-5　内六角圆柱头螺钉(摘自 GB/T 70.1—2008)　　　　　(单位：mm)

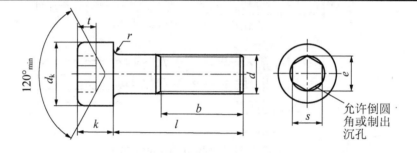

标记示例

螺纹规格 d=M5、公称长度 l=20mm、性能等级为 8.8 级、表面氧化的 A 级内六角圆柱螺钉标记为

螺钉　GB/T 70.1　M5×20

螺纹规格 d	M3	M4	M5	M6	M8	M10	M12	M(14)	M16	M20	M24	M30	M36
d_{kmax}	5.5	7	8.5	10	13	16	18	21	24	30	36	45	54
k_{max}	3	4	5	6	8	10	12	14	16	20	24	30	36
t_{min}	1.3	2	2.5	3	4	5	6	7	8	10	12	15.5	19
r	0.1	0.2	0.2	0.25	0.4	0.4	0.6	0.6	0.6	0.8	0.8	1	1
s(公称)	2.5	3	4	5	6	8	10	12	14	17	19	22	27
e_{min}	2.9	3.4	4.6	5.7	6.9	9.2	11.4	13.7	16	19	21.7	25.2	30.99
b(参考)	18	20	22	24	28	32	36	40	44	52	60	72	84
l(范围)	5~30	6~40	8~50	10~60	12~80	16~100	20~120	25~140	25~160	30~200	40~200	45~260	55~300
全螺纹最大长度 l≤	20	25	25	30	35	40	45	50(65)	55	65	80	90	110
l 系列(公称)	2.5, 3, 4, 5, 6, 8, 10, 12, (14), (16), 20, 25, 30, 35, 40, 45, 50, (55), 60, 65, 70, 80, 90, 100, 110, 120, 130, 140, 150, 160, 180, 200													

注：尽可能不采用括号内的规格。

表 D-6 开槽紧定螺钉　　　　　　　　　　　　(单位：mm)

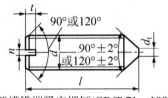
开槽锥端紧定螺钉(GB/T 71—1985)

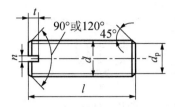
开槽平端紧定螺钉(GB/T 73—1985)

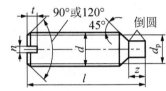
开槽长圆柱端紧定螺钉(GB/T 75—1985)

标记示例
螺纹规格 d=M5、公称长度 l=120mm、性能等级为 14H、表面氧化的开槽锥端紧定螺钉标记为
螺钉　GB/T 71　M5×12.14H

d		M3	M4	M5	M6	M8	M10	M12
P	GB/T 71—1985 GB/T 73—1985 GB/T 75—1985	0.5	0.7	0.8	1	1.25	1.5	1.75
d_t	GB/T 71—1985	0.3	0.4	0.5	1.5	2	2.5	3
d_{pmax}	GB/T 73—1985 GB/T 75—1985	2	2.5	3.5	4	5.5	7	8.5
n(公称)	GB/T 71—1985 GB/T 73—1985 GB/T 75—1985	0.4	0.6	0.8	1	1.2	1.6	2
t_{min}	GB/T 71—1985 GB/T 73—1985 GB/T 75—1985	0.8	1.12	1.28	1.6	2	2.4	2.8
z_{min}	GB/T 75—1985	1.5	2	2.5	3	4	5	6
GB/T 71—1985	120°	l≤3	l≤4	l≤5	l≤6	l≤8	l≤10	l≤12
	90°	l≥4	l≥5	l≥6	l≥8	l≥10	l≥12	l≥14
GB/T 73—1985	120°	l≤3	l≤4	l≤5	l≤6		l≤8	l≤10
	90°	l≥4	l≥5	l≥6	l≥8		l≥10	l≥12
GB/T 75—1985	120°	l≤5	l≤6	l≤8	l≤10	l≤14	l≤16	l≤20
	90°	l≥6	l≥8	l≥10	l≥12	l≥16	l≥20	l≥25
l 公称	商品规格范围 GB/T 71—1985	4~6	6~20	8~25	8~30	10~40	12~50	14~60
	GB/T 73—1985	3~16	4~20	5~25	6~30	8~40	10~50	12~60
	GB/T 75—1985	5~16	6~20	8~25	8~30	10~40	12~50	14~60
	系列数	2, 2.5, 3, 4, 5, 6, 8, 10, 12, (14), 16, 20, 25, 30, 35, 50, (55), 60							

注：1. l 系列值中，尽可能不采用括号内的规格。
　　2. 小于或等于 M5 的 GB/T 71—1985 的螺钉，不要求锥端有平面部分(d_t)。
　　3. P 为螺距。

表 D-7　六角螺母　　　　　　　　　　　　　　　　　　　　（单位：mm）

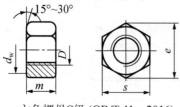

六角螺母C级 (GB/T 41—2016)

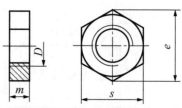

六角薄螺母无倒角 (GB/T 6174—2016)

标记示例：螺纹规格 D=M12、性能等级为 5 级、经表面处理、产品等级为 C 级的六角螺母标记为
　　螺母　GB/T 41　M12

不标记示例：螺纹规格 D=M6、力学性能为 HV110、不经表面处理、B 级的六角薄螺母标记为
　　螺母　GB/T 6174　M6

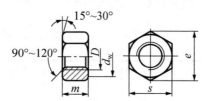

Ⅰ型六角薄螺母 (GB/T 6170—2015)
和六角薄螺母 (GB/T 6172.1—2016)

标记示例：螺纹规格 D=M12、性能等级为 10 级、不经表面处理、A 级的 1 型六角螺母标记为
　　螺母　GB/T 6170　M12
螺纹规格 D=M12、性能等级为 04 级、不经表面处理、A 级的六角薄螺母标记为
　　螺母　GB/T 6172.1　M12

		M3	M(3.5)	M4	M5	M6	M8	M10	M12	M(14)	M16	M(18)	M20	M(22)	M24	M(27)	M30	M36
e_{min}	GB/T 41 GB/T 6174	5.9	5.4	7.5	8.6	10.9	14.2	17.6	19.9	22.8	26.2	29.6	33	37.3	39.6	45.2	50.9	60.8
	GB/T 6170 GB/T 6172.1	6	6.6	7.7	8.8	11	14.4	20	23.4	26.8	29.6	33	37.3	39.6	45.2	50.9	60.8	60.8
s(公称)		5.5	6	7	8	10	13	16	18	21	24	27	30	34	36	41	46	55
d_{wmin}	GB/T 41 GB/T 6174	—	—	—	6.7	8.7	11.5	14.5	16.5	19.2	22	24.9	27.7	31.4	33.3	38	42.8	51.1
	GB/T 6170、 GB/T 6172.1	4.6	5.1	5.9	6.9	8.9	11.6	14.6	16.6	19.6	22.5	24.9	27.7	31.4	33.3	38	42.8	51.1
m_{min}	GB/T 6170	2.4	2.8	3.2	4.7	5.2	6.8	8.4	10.8	12.8	14.8	15.8	18	19	21.5	23.8	25.6	31
	GB/T 6172.1	1.8	—	2.2	2.7	3.2	4	5	6	—	8	—	10	—	12	—	15	18
	GB/T 6174	1.8	2	2.2	2.7	3.2	4	5	6	7	8	9	10	11	12	13.5	15	18
	GB/T 41	—	—	—	5.6	6.4	7.9	12.2	12.2	13.9	15.9	16.9	19	20.2	22.3	24.7	26.4	31.9

注：1. A 级用于 $D \leq 6$mm 的螺母，B 级用于 $D > 16$mm 的螺母。
　　2. 尽量不用括号中的尺寸。
　　3. GB/T 41 的螺母规格为 M5～M60，GB/T 6174 的螺纹规格为 M1.6～M16。

表 D-8　圆螺母(摘自 GB/T 812—1988)　　　　　　　　(单位：mm)

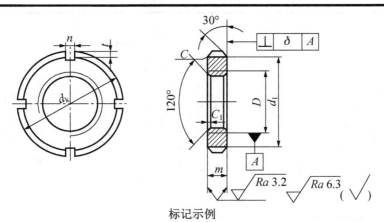

标记示例

螺纹规格 D=M16×1.5、材料为 45 钢、槽或全部热处理硬度 35～45HRC、表面氧化的圆螺母标记为

螺母　GB/T 812　M16×1.5

$D×P$	d_k	d_1	m	n	t	C	C_1	$D×P$	d_k	d_1	m	n	t	C	C_1
M10×1	22	16	8	4	2	0.5	0.5	M64×2	95	84	12	8	3.5	1.5	1
M12×1.25	25	19						M65×28*	95	84					
M14×1.5	28	20						M68×2	100	88	15	10	4		
M16×1.5	30	22						M72×2	105	93					
M18×1.5	32	24						M75×2*	105	93					
M20×1.5	35	27						M76×2	110	98					
M22×1.5	38	30		5	2.5			M80×2	115	103					
M24×1.5	42	34						M85×2	120	108					
M25×1.5*	42	34						M90×2	125	112					
M27×1.5	45	37	10			1		M95×2	130	117	18	12	5		
M30×1.5	48	40						M100×2	135	122					
M33×1.5	52	43						M105×2	140	127					
M35×1.5*	52	43						M110×2	150	135					
M36×1.5	55	46		6	3			M115×2	155	140					
M39×1.5	58	49						M120×2	160	145	22	14	6		
M40×1.5*	58	49						M125×2	165	150					
M42×1.5	62	53						M130×2	170	155					
M45×1.5	68	59						M140×2	180	165					
M48×1.5	72	61				1.5		M150×2	200	180	26				
M50×1.5*	72	61						M160×3	210	190					
M52×1.5	78	67	12	8	3.5			M170×3	220	200		16	7	2	1.5
M55×2*	78	67				1		M180×3	230	210					
M56×2	85	74						M190×3	240	220	30				
M60×2	90	79						M200×3	250	230					

注：1. 当 D≤M100×2 时，n=4；当 D≥M105×2 时，n=6。
　　2. 标有*者仅有滚动轴承锁紧装置。

表 D-9　平垫圈　　　　　　　　　　(单位：mm)

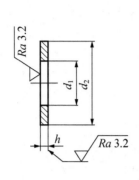
小垫圈(GB/T 848—2002)
平垫圈(GB/T 97.1—2002)

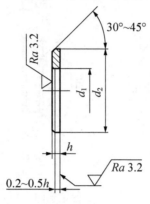
平垫圈倒角型(GB/T 97.2—2002)

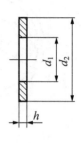
平垫圈C级(GB/T 95—2002)

标记示例

标准系列、公称规格为 8mm、硬度等级为 200HV 级、不经表面处理的平垫圈标记为

垫圈　GB/T 97.1　8

	公称尺寸	4	5	6	8	10	12	14	16	20	24	30	36
d_{1min}	GB/T 848—2002	4.3	5.3	6.4	7.4	10.5	13	15	17	21	25	31	37
	GB/T 97.1—2002												
	GB/T 97.2—2002	—											
	GB/T 95—2002												
d_{2max}	GB/T 848—2002	8	9	11	15	18	20	24	28	34	39	50	60
	GB/T 97.1—2002	9	10	12	16	20	24	28	30	37	44	56	66
	GB/T 97.2—2002	—											
	GB/T 95—2002												
h	GB/T 848—2002	0.5			1.6		2	2.5	3		4		5
	GB/T 97.1—2002	0.8	1										
	GB/T 97.2—2002	—			1.6	2	2.5		3				
	GB/T 95—2002												

注：1. GB/T 97.2 规格 d 为 5~36mm。

2. GB/T 848 主要用于带圆柱头的螺钉，其他用于标准六角的螺栓、螺钉和螺母。

表 D-10　弹簧垫圈(摘自 GB/T 93—1987、GB/T 859—1987)　　　　　　　(单位：mm)

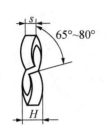
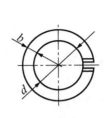
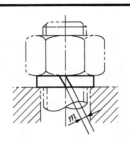

标记示例

规格 16mm、材料为 65Mn 钢、表面氧化的标准型弹簧垫圈标记为

垫圈　GB/T 93　16

规格 (螺纹大径)	d_{min}	GB/T 93—1987			GB/T 859—1987			
		$d(b)$(公称)	H_{max}	$m \leq$	s(公称)	b(公称)	H_{max}	$m \leq$
3	3.1	0.8	2	0.4	0.6	1	1.5	0.3
4	4.1	1.1	2.75	0.50	0.8	1.2	2	0.5
5	5.1	1.3	3.25	0.65	1.1	1.5	2.75	0.55
6	6.2	1.6	4	0.8	1.3	2	3.25	0.65
8	8.2	2.1	5.25	1.05	1.6	2.5	4	0.8
10	10.2	2.6	6.5	1.3	2	3	5	1
12	12.3	3.1	7.75	1.55	2.5	3.5	6.25	1.25
(14)	14.3	3.6	9	1.8	3	4	7.5	1.5
16	16.3	4.1	10.25	2.05	3.2	4.5	8	1.6
(18)	18.3	4.5	11.25	2.25	3.5	5	9	1.8
20	20.5	5	12.5	2.5	4	5.5	10	2
(22)	22.5	5.5	13.75	2.75	4.5	6	11.25	2.25
24	24.5	6	15	3	4.8	6.5	12.5	2.5
(27)	27.5	6.8	17	3.4	5.5	7	13.75	2.75
30	30.5	7.5	18.75	3.75	6	8	15	3
36	36.6	9	22.5	4.5	—	—	—	—

注：尽量不采用括号内的规格。

表 D-11 圆螺母用止动垫圈(GB/T 858—1988) (单位：mm)

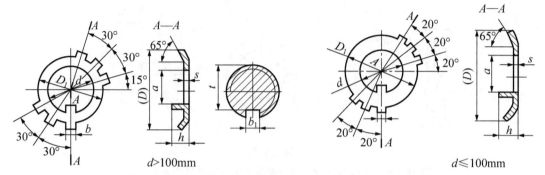

标记示例

规格16mm、材料为Q235、经退火表面氧化的圆螺母用止动垫圈标记为

垫圈 GB/T 858 16

规格(螺纹大径)	d	(D)	D_1	s	b	a	h	轴端 b_1	轴端 t	规格(螺纹大径)	d	(D)	D_1	s	b	a	h	轴端 b_1	轴端 t
14	14.5	32	30		3.8	11	3	4	10	55*	56	82	67			52			—
16	16.5	34	22			13			12	56	57	90	74			53			52
18	18.5	35	24			15			14	60	61	94	79		7.7	57	6	8	56
20	20.5	38	27			17			16	64	65	100	84			61			60
22	22.5	42	30	1		19	4		18	65*	66	100	84			62			—
24	24.5	45	34			21		5	20	68	69	105	88	1.5		63			64
25*	25.5	45	34			22			—	72	73	110	93			65			68
27	27.5	48	37			24			23	75*	76	110	93		9.6	69		10	—
30	30.5	52	40			27			26	76	77	115	98			71			70
33	33.5	56	43			30			29	80	81	120	103			72			74
35	35.5	56	43			32			—	85	86	130	108			76			79
36	36.5	60	46			33			32	90	91	135	112			81			84
39	39.5	62	49		5.7	36	5	6	35	95	96	140	117		11.6	86	7	12	89
40*	40.5	62	49	1.5		37			—	100	101	145	122			91			94
42	42.5	66	53			39			38	105	106	156	127	2		96			99
45	45.5	72	59			42			41	110	111	160	135			101			104
48	48.5	76	61			45			44	115	115	160	140		13.5	106		14	109
50*	50.5	76	61		7.7	47		8	—	120	120	166	145			111			114
52	52.5	82	67			49	6		48	125	125	170	150			116			119

注：标有*的仅用于滚动轴承锁紧装置。

表 D-12　普通平键的基本规范(摘自 GB/T 1095—2003、GB/T 1096—2003)　　(单位：mm)

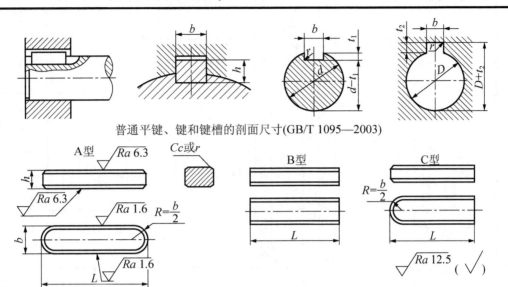

普通平键、键和键槽的剖面尺寸(GB/T 1095—2003)

普通平键型式尺寸(GB/T 1096—2003)

标记示例

平头普通平键(B 型)、b=18mm、h=11mm、L=100mm 标记为 GB/T 1096 键 B18×11×100

单圆头普通平键(C 型)、b=18mm、h=11mm、L=100mm 标记为 GB/T 1096 键 C18×11×100

轴	键	键 槽										
			宽度 b					深 度				圆角半径 r
				极 限 偏 差				轴 t_1		毂 t_2		
公称直径 d	公称尺寸 $b×h$	公称尺寸 b	松联接		正常联接		紧密联接					
			轴 H9	毂 D10	轴 N9	毂 Js9	轴和毂 P9	公称尺寸	极限偏差	公称尺寸	极限偏差	最小	最大
自 6~8	2×2	2	+0.025 0	+0.060 +0.020	-0.004 -0.029	±0.0125	-0.006 -0.031	1.2	+0.1 0	1	+0.1 0	0.08	0.16
>8~10	3×3	3						1.8		1.4			
>10~12	4×4	4	+0.030 0	+0.078 +0.030	0 -0.030	±0.015	-0.012 -0.042	2.5		1.8			
>12~17	5×5	5						3.0		2.3			
>17~22	6×6	6						3.5		2.8		0.16	0.25
>22~30	8×7	8	+0.036 0	+0.098 +0.040	0 -0.036	±0.018	-0.015 -0.051	4.0		3.3			
>30~38	10×8	10						5.0		3.3			
>38~44	12×8	12	+0.043 0	+0.120 +0.050	0 -0.043	±0.0215	-0.018 -0.061	5.0	+0.2 0	3.3	+0.2 0	0.25	0.40
>44~50	14×9	14						5.5		3.8			
>50~58	16×10	16						6.0		4.3			
>58~65	18×11	18						7.0		4.4			
>65~75	20×12	20	+0.052 0	+0.149 +0.065	0 -0.052	±0.026	-0.022 -0.074	7.5		4.9		0.40	0.60
>75~85	22×14	22						9.0		5.4			
>85~95	25×14	25						9.0		5.4			
>95~110	28×16	28						10.0		6.4			

注：1. $d-t_1$ 和 $D+t_2$ 两组组合尺寸的偏差按相应的 t_1 和 t_2 的偏差选取，但 $d-t_1$ 偏差值应取"−"；工作图中，轴槽深用 t_1 或 $d-t_1$ 标注，毂槽深用 $D+t_2$ 标注。

2. 对于键，b 的极限偏差按 h8；h 的极限偏差矩形按 h11，方形按 h8；L 的极限偏差按 h14。

3. 键长 L 系列为 6.8，10，12，14，16，18，20，22，25，28，32，36，40，45，50，56，63，70，80，90，100，110，125，140，160，180，200，220，250，280，320，360，400，…，500。

表 D-13 半圆键(摘自 GB/T 1098—2003、GB/T 1099.1—2003) (单位：mm)

标记示例

$b=6\text{mm}$，$h=10\text{mm}$，$d_1=25\text{mm}$ 半圆键标记为 GB/T 1099.1 键 $6\times10\times25$

轴径 d		键	键槽								
键传动转矩	键定位	公称尺寸 $b\times h\times d_1$	宽度 b				深度				圆角半径 r
			公称尺寸	极限偏差			轴 t		毂 t_1		
				一般键联接		较紧键联接 P9 轴和毂	公称尺寸	极限偏差	公称尺寸	极限偏差	min max
				轴 N9	毂 JS9						
自 3~4	自 3~4	1.0×1.4×4	1.0	−0.004 −0.029	±0.012	−0.006 −0.031	1.0	+0.10	0.6	+0.10	0.08 0.16
>4~5	>4~6	1.5×1.6×7	1.5				2.0		0.8		
>5~6	>6~8	2.0×2.6×7	2.0				1.8		1.0		
>6~7	>8~10	2.0×3.7×10	2.0				2.9		1.0		
>7~8	>10~12	2.5×3.7×10	2.5				2.7		1.2		
>8~10	>12~15	3.0×5.0×12	3.0				3.8		1.4		
>10~12	>15~18	3.0×6.5×16	3.0	0 −0.030	±0.015	−0.012 −0.042	5.3	+0.20	1.4	+0.10	0.16 0.25
>12~14	>18~20	4.0×6.5×16	4.0				5.0		1.8		
>14~16	>20~22	4.0×7.5×19	4.0				6.0		1.8		
>16~18	>22~25	5.5×6.5×16	5.0				4.5		2.3		
>18~20	>25~28	5.0×7.5×19	5.0				5.5		2.3		
>20~22	>28~32	5.0×9.0×22	5.0				7.0		2.3		
>22~25	>32~36	6.0×9.0×22	6.0				6.5		2.8		
>25~28	>36~40	6.0×10.0×25	6.0				7.5		2.8		
>28~32	>40	8.0×11.0×28	8.0	0 −0.036	±0.018	−0.015 −0.015	8.0	+0.30	3.3	+0.20	0.25 0.40
>32~38	—	10.0×13.0×32	10.0				10.0		3.3		

注：$d-t_1$ 和 $D+t_2$ 两组组合尺寸和 t_2 的偏差按相应的 t_1 和 t_2 的偏差值选取，但 $d-t_1$ 偏差值应取 "−"；工作图中，轴槽深用 t_1 或 $d-t_1$ 标注，毂槽深用 $D+t_2$ 标注。

表 D-14 圆锥销(摘自 GB/T 117—2000)

(单位：mm)

$$r_2 = \frac{a}{2} + d + \frac{(0.02l)^2}{8a}$$

标记示例

公称直径 $d=6$mm，公称长度 $l=30$mm，材料为 35 钢，热处理硬度 28～38HRC，表面氧化处理 A 型圆锥销的标记为

销 GB/T 117 6×30

d	0.6	0.8	1	1.2	1.5	2	2.5	3	4	5	6	8	10	12	16	20	25	30	40	50
a	0.08	0.1	0.12	0.16	0.2	0.25	0.3	0.4	0.5	0.63	0.8	1	1.2	1.6	2	2.5	3	4	5	6.3
商品规格 l	4～8	5～12	6～16	6～20	8～24	10～35	10～35	12～45	14～55	18～60	22～90	22～120	26～160	32～180	40～200	45～200	50～200	55～200	60～200	65～200

l 系列：2, 3, 4, 5, 6, 8, 10, 12, 14, 16, 18, 20, 22, 24, 26, 28, 30, 35, 40, 45, 50, 55, 60, 65, 70, 75, 80, 85, 90, 95, 100, 120, 140, 160, 180, 200

技术条件	材料	钢	易切钢：Y12, Y15；碳素钢：35, 45；合金钢：30GrMnSiA
		不锈钢	1Cr13, 2Cr13, Cr17Ni2, 0Cr18Ni9Ti
	表面处理	(1) 钢：不经处理、氧化、磷化、镀锌钝化；
		(2) 不锈钢：简单处理；
		(3) 其他表面镀层或表面处理，由供需双方协议；
		(4) 所有公差适用于涂、镀前的公差

注：1. d 的其他公差，如 a11、e11、f8，由供需双方协议。
2. 公称长度大于 200mm，按 20mm 递增。
3. A 型（磨削）：锥面表面粗糙度值 $Ra=0.8\mu m$；B 型（切削或冷镦）：锥面表面粗糙度值 $Ra=3.2\mu m$。

表 D-15　圆柱销(摘自 GB/T 119.1—2000、GB/T 119.2—2000)　　　　(单位: mm)

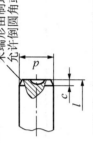

标记示例

圆柱销 不淬硬钢和奥氏体不锈钢 (GB/T 119.1—2000)

公称直径 d=6mm、公差为 m6、公称长度 l=30mm、材料为钢、不经淬火、不经表面处理的圆柱销标记为
销 GB/T 119.1　6m6×30

公称直径 d=6mm、公差为 m6、公称长度 l=30mm、材料为 A1 组奥氏体不锈钢、表面简单处理的圆柱销标记为
销 GB/T 119.1　6m6×30　A1

圆柱销 淬硬钢和马氏体不锈钢 (GB/T 119.2—2000)

公称直径 d=6mm、公差为 m6、公称长度 l=30mm、材料为钢、表面氧化处理的圆柱销标记为
销 GB/T 119.2　6×30

公称直径 d=6mm、公差为 m6、公称长度 l=30mm、材料为 C1 马氏体不锈钢、表面简单处理的圆柱销标记为
销 GB/T 119.2　6×30　C1

d m6/h8	0.6	0.8	1	1.2	1.5	2	2.5	3	4	5	6	8	10	12	16	20	25	30	40	50
c≈	0.12	0.16	0.2	0.25	0.3	0.35	0.4	0.5	0.63	0.8	1.2	1.6	2	2.5	3	3.5	4	5	6.3	8
商品规格 l	2~6	2~8	4~10	4~12	4~16	6~20	6~24	8~30	8~40	10~50	12~60	14~80	18~95	22~140	26~180	35~200	50~200	60~200	80~200	95~200
L 系列	2, 3, 4, 5, 6, 8, 10, 12, 14, 16, 18, 20, 22, 24, 26, 28, 30, 32, 35, 40, 45, 50, 55, 60, 65, 70, 75, 80, 85, 90, 100, 120, 140, 160, 180, 200																			

技术条件	材料	GB/T 119.1　钢: 奥氏体不锈钢
		GB/T 119.2　钢: A 型、普通淬火; B 型、表面淬火; h8、R_a≤1.6μm。不锈钢: 马氏体不锈钢
	表面粗糙度	GB/T 119.1　公差 m6: R_a≤0.8μm; h8: R_a≤0.8μm
		GB/T 119.2　R_a≤0.8μm
	表面处理	(1) 钢: 不经处理、氧化、磷化、镀锌钝化。 (2) 不锈钢: 简单处理。 (3) 其他表面镀层或表面处理, 应由供需双方协议; (4) 所有公差适用于涂、镀前的公差。

注: 1. d 的其他公差由供需双方协议。
2. GB/T 119.2 中 d 的尺寸范围为 1~20mm。
3. 公称长度大于 200mm(GB/T 119.1)、大于 100mm(GB/T 119.2), 按 20mm 递增。

表 D-16　吊环螺钉(摘自 GB/T 825—1988)　　　　(单位：mm)

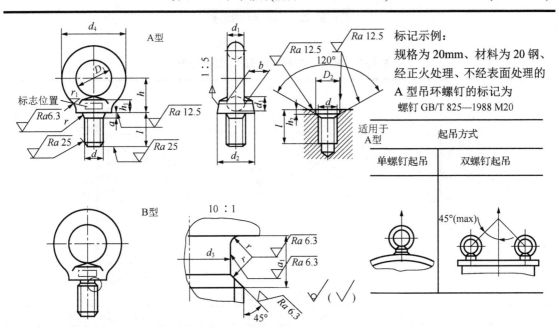

螺纹规格 d		M8	M10	M12	M16	M20	M24	M30	M36	M42	48
d_1	max	9.1	11.1	13.1	15.2	17.4	21.4	25.7	30	34.4	40.7
D_1	公称	20	24	28	34	40	48	56	67	80	95
d_2	max	21.1	25.1	29.1	35.2	41.4	49.4	57.7	69	82.5	97.7
h_1	max	7	9	11	13	15.1	19.1	23.2	27.4	31.7	36.9
l	公称	16	20	22	28	35	40	45	55	65	70
d_4	参考	36	44	52	62	72	88	104	123	144	171
h		18	22	26	31	36	44	53	63	74	87
r_1		4	4	5	6	8	12	15	18	20	22
r	min	1	1	1	1	1	2	2	3	3	3
a_1	max	3.75	4.5	5.25	6	7.5	9	10.5	12	13.5	15
d_3	公称(max)	6	7.7	9.4	13	16.4	19.6	25	30.8	35.6	41
a	max	2.5	3	3.5	4	5	6	7	8	9	10
b		10	12	14	16	19	24	28	32	38	46
D_2	公称(min)	13	15	17	22	28	32	38	45	52	60
h_2	公称(min)	2.5	3	3.5	4.5	5	7	8	9.5	10.5	11.5
最大起吊质量/t	单螺钉起吊	0.16	0.25	0.4	0.63	1	1.6	2.5	4	6.3	8
	双螺钉起吊 (参见右上图)	0.08	0.125	0.2	0.32	0.5	0.8	1.25	2	3.2	4

附录 E 滚动轴承

表 E-1 深沟球轴承(摘自 GB/T 276—2013)

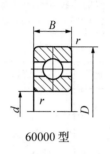

60000 型

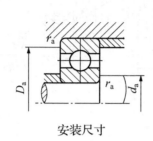

安装尺寸

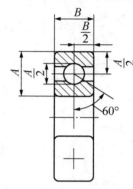

简化画法

标记示例：滚动轴承 6210 GB/T 276—2013

F_a/C_{or}	e	Y	径向当量动载荷	径向当量静载荷
0.014	0.19	2.30		
0.028	0.22	1.99		
0.056	0.26	1.71		
0.084	0.28	1.55	当 $\dfrac{F_a}{F_r} \leq e$，$P_r=F_r$	$P_{or}=F_r$
0.11	0.30	1.45		$P_{or}=0.6F_r+0.5F_a$
0.17	0.34	1.31	当 $\dfrac{F_a}{F_r} > e$，$P_r=0.56F_r+YF_a$	
0.28	0.38	1.15		
0.42	0.42	1.04		
056	0.44	1.00		

轴承代号	基本尺寸/mm				安装尺寸/mm			基本额定动载荷 C_r	基本额定静载荷 C_{or}	极限转速/(r/min)		原轴承代号
	d	D	B	r_{min}	d_{amin}	D_{amax}	r_{amax}	kN		脂润滑	油润滑	
(1) 0 尺寸系列												
6000	10	26	8	0.3	12.4	23.6	0.3	4.58	1.98	20000	28000	100
6001	12	28	8	0.3	14.4	25.6	0.3	5.10	2.38	19000	26000	101
6002	15	32	9	0.3	17.4	29.6	0.3	5.58	2.85	18000	24000	102
6003	17	35	10	0.3	19.4	32.6	0.3	6.00	3.25	17000	22000	103
6004	20	42	12	0.6	25	37	0.6	9.38	5.02	15000	19000	104
6005	25	47	12	0.6	30	42	0.6	10.0	5.85	13000	17000	105
6006	30	55	13	1	36	49	1	13.2	8.30	10000	14000	106
6007	35	62	14	1	41	56	1	16.2	10.5	9000	12000	107
6008	40	68	15	1	46	62	1	17.0	11.8	8500	11000	108
6009	45	75	16	1	51	69	1	21.0	14.8	8000	10000	109
6010	50	80	16	1	56	74	1	22.0	16.2	7000	9000	110

续表

轴承代号	基本尺寸/mm				安装尺寸/mm			基本额定动载荷 C_r	基本额定静载荷 C_{or}	极限转速/(r/min)		原轴承代号
	d	D	B	r_{min}	d_{amin}	D_{amax}	r_{amax}	kN		脂润滑	油润滑	
(1)0 尺寸系列												
6011	55	90	18	1.1	62	83	1	30.2	21.8	6300	8000	111
6012	60	95	18	1.1	67	88	1	31.5	24.2	6000	7500	112
6013	65	100	18	1.1	72	93	1	32.0	24.8	5600	7000	113
6014	70	110	20	1.1	77	103	1	38.5	30.5	5300	6700	114
6015	75	115	20	1.1	82	108	1	40.2	33.2	5000	6300	115
6016	80	125	22	1.1	87	118	1	47.5	39.8	4800	6000	116
6017	85	130	22	1.1	92	123	1	50.8	42.8	4500	5600	117
6018	90	140	24	1.1	99	131	1.5	58.0	49.8	4300	5300	118
6019	95	145	24	1.1	104	136	1.5	57.8	50.0	4000	5000	119
6020	100	150	24	1.1	109	141	1.5	64.5	56.2	3800	4800	120
(0)2 尺寸系列												
6200	10	30	9	0.6	15	25	0.6	5.10	2.38	19000	26000	200
6201	12	32	10	0.6	17	27	0.6	6.82	3.05	18000	24000	201
6202	15	35	11	0.6	20	30	0.6	7.65	3.72	17000	22000	202
6203	17	40	12	0.6	22	35	0.6	9.58	4.78	16000	20000	203
6204	20	47	14	1	26	41	1	12.8	6.65	14000	18000	204
6205	25	52	15	1	31	46	1	14.0	7.88	12000	16000	205
6206	30	62	16	1	36	56	1	19.5	11.5	9500	13000	206
6207	35	72	17	1.1	42	65	1	25.5	15.2	8500	11000	207
6208	40	80	18	1.1	47	73	1	29.5	18.0	8000	10000	208
6209	45	85	19	1.1	52	78	1	31.5	20.5	7000	9000	209
6210	50	90	20	1.1	57	83	1	35.0	23.2	6700	8500	210
6211	55	100	21	1.5	64	91	1.5	43.2	29.2	6000	7500	211
6212	60	110	22	1.5	69	101	1.5	47.8	32.8	5600	7000	212
6213	65	120	23	1.5	74	111	1.5	57.2	40.0	5000	6300	213
6214	70	125	24	1.5	79	116	1.5	60.8	45.0	4800	6000	214
6215	75	130	25	1.5	84	121	1.5	66.0	49.5	4500	5600	215
6216	80	140	26	2	90	130	2	71.5	54.2	4300	5300	216
6217	85	150	28	2	95	140	2	83.2	63.8	4000	5000	217
6218	90	160	30	2	100	150	2	95.8	71.5	3800	4800	218
6219	95	170	32	2.1	107	158	2.1	110	82.8	3600	4500	219
6220	100	180	34	2.1	112	168	2.1	122	92.8	3400	4300	220

续表

轴承代号	基本尺寸/mm				安装尺寸/mm			基本额定动载荷 C_r	基本额定静载荷 C_{or}	极限转速/(r/min)		原轴承代号
	d	D	B	r_{min}	d_{amin}	D_{amax}	r_{amax}	kN		脂润滑	油润滑	
(0)3 尺寸系列												
6300	10	35	11	0.6	15	30	0.6	7.65	3.48	18000	24000	300
6301	12	37	12	1	18	31	1	9.72	5.08	17000	22000	301
6302	15	42	13	1	21	36	1	11.5	5.42	16000	20000	302
6303	17	47	14	1	23	41	1	13.5	6.58	15000	19000	303
6304	20	52	15	1.1	27	45	1	15.8	7.88	13000	17000	304
6305	25	62	17	1.1	32	55	1	22.2	11.5	10000	14000	305
6306	30	72	19	1.1	37	65	1	27.0	15.2	900	12000	306
6307	35	80	21	1.5	44	71	1.5	33.2	19.2	8000	10000	307
6308	40	90	23	1.5	49	81	1.5	40.8	24.0	7000	9000	308
6309	45	100	25	1.5	54	97	1.5	52.8	31.8	6300	8000	309
6310	50	110	27	2	60	100	2	61.8	38.0	6000	7500	310
6311	55	120	29	2	65	110	2	71.5	44.8	5300	6700	311
6312	60	130	31	2.1	72	118	2.1	81.8	51.8	5000	6300	312
6313	65	140	33	2.1	77	128	2.1	93.8	60.5	4500	5600	313
6314	70	150	35	2.1	82	138	2.1	105	68.0	4300	5300	314
6315	75	160	37	2.1	87	148	2.1	112	76.8	4000	5000	315
6316	80	170	39	2.1	92	158	2.1	122	86.5	3800	4800	316
6317	85	180	41	3	99	166	2.5	132	96.5	3600	4500	317
6318	90	190	43	3	104	176	2.5	145	108	3400	4300	318
6319	95	200	45	3	109	186	2.5	155	122	3200	4000	319
6320	100	215	47	3	114	201	2.5	172	140	2800	3600	320
(0)4 尺寸系列												
6403	17	62	17	1.1	24	55	1	22.5	10.8	11000	15000	403
6404	20	72	19	1.1	27	65	1	31.0	15.2	9500	13000	404
6405	25	80	21	1.5	34	71	1.5	38.2	19.2	8500	11000	405
6406	30	90	23	1.5	39	81	1.5	47.5	24.5	8000	10000	406
6407	35	100	25	1.5	44	91	1.5	56.8	29.5	6700	8500	407
6408	40	110	27	2	50	100	2	65.5	37.5	6300	8000	408
6409	45	120	29	2	55	110	2	77.5	45.5	5600	7000	409
6410	50	130	31	2.1	62	118	2.1	92.2	55.2	5300	6700	410
6411	55	140	33	2.1	67	128	2.1	100	62.5	4800	6000	411
6412	60	150	35	2.1	72	138	2.1	108	70.0	4500	5600	412
6413	65	160	37	2.1	77	148	2.1	118	78.5	4300	5300	413
6414	70	180	42	3	84	166	2.5	140	99.5	3800	4800	414
6415	75	190	45	3	89	176	2.5	155	115	3600	4500	415
6416	80	200	48	3	94	186	2.5	162	125	3400	4300	416
6417	85	210	52	4	103	192	3	175	138	3200	4000	417
6418	90	225	54	4	108	207	3	192	158	2800	3600	418
6420	100	250	58	4	118	232	3	222	195	2400	3200	420

注：1. 表中 C_r 值适用于真空脱气轴承钢材料的轴承。如轴承材料为普通电炉钢，C_r 值降低；如为真空重熔或电渣重熔轴承钢，C_r 值较高。

2. r_{min} 为 r 的单向最小倒角尺寸；r_{amax} 为 r_a 的单向最大倒角尺寸。

表 E-2 角接触球轴承(摘自 GB/T 292—2007)

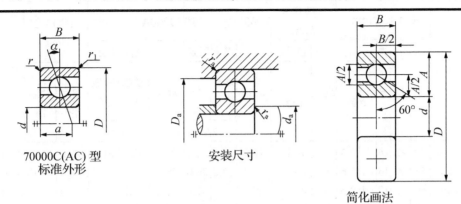

70000C(AC)型 标准外形　　安装尺寸　　简化画法

标记示例：滚动轴承 7210C，GB/T 292—2007

iF_a/C_{or}	e	Y	70000C 型	70000AC 型
0.015	0.38	1.47	径向当量动载荷	径向当量动载荷
0.029	0.40	1.40	当 $F_a/F_r \le e$ 时，$P_r=F_r$	当 $F_a/F_r \le 0.68$ 时，$P_r=F_r$
0.058	0.43	1.30	当 $F_a/F_r > e$ 时，$P_r=0.44F_r+YF_a$	当 $F_a/F_r > 0.68$ 时，$P_r=0.41F_r+0.87F_a$
0.087	0.46	1.23		
0.12	0.47	1.19	径向当量静载荷	径向当量静载荷
0.17	0.50	1.12	$P_{or}=0.5F_r+0.46F_a$	$P_{or}=0.5F_r+0.38F_a$
0.29	0.55	1.02	当 $P_{or}<F_r$ 时，取 $P_{or}=F_r$	当 $P_{or}<F_r$ 时，取 $P_{or}=F_r$
0.44	0.56	1.00		
0.58	0.56	1.00		

轴承代号		基本尺寸/mm					安装尺寸/mm			70000C(α=15°)			70000AC(α=25°)			极限转速/(r/min)		原轴承代号	
		d	D	B	r min	r_1 min	$d_{a\,min}$	D_a max	r_a max	a/mm	基本额定动载荷 C_r kN	基本额定静载荷 C_{or} kN	a/mm	基本额定动载荷 C_r kN	基本额定静载荷 C_{or} kN	脂润滑	油润滑		

(1) 0 尺寸系列

7000C	7000AC	10	26	8	0.3	0.15	12.4	23.6	0.3	6.4	4.92	2.25	8.2	4.75	2.12	19000	28000	36100	46100
7001C	7001AC	12	28	8	0.3	0.15	14.4	25.6	0.3	6.7	5.42	2.65	8.7	5.20	2.55	18000	26000	36101	46101
7002C	7002AC	15	32	9	0.3	0.15	17.4	29.6	0.3	7.6	6.25	3.42	10	5.95	3.25	17000	24000	36102	46102
7003C	7003AC	17	35	10	0.3	0.15	19.4	32.6	0.3	8.5	6.60	3.85	11.1	6.30	3.68	16000	22000	36103	46103
7004C	7004AC	20	42	12	0.6	0.15	25	37	0.6	10.2	10.5	6.08	13.2	10.0	5.78	14000	19000	36104	46104
7005C	7005AC	25	47	12	0.6	0.15	30	42	0.6	10.8	11.5	7.45	14.4	11.2	7.08	12000	17000	36105	46105
7006C	7006AC	30	55	13	1	0.3	36	49	1	12.2	15.2	10.2	16.4	14.5	9.85	9500	14000	36106	46106
7007C	7007AC	35	62	14	1	0.3	41	56	1	13.5	19.5	14.2	18.3	18.5	13.5	8500	12000	36107	46107
7008C	7008AC	40	68	15	1	0.3	46	62	1	14.7	20.0	15.2	20.1	19.0	14.5	8000	11000	36108	46108
7009C	7009AC	45	75	16	1	0.3	51	69	1	16	25.8	20.5	21.9	25.8	19.5	7500	10000	36109	46109

续表

轴承代号		基本尺寸/mm						安装尺寸/mm			70000C (α=15°)			70000AC (α=25°)			极限转速/(r/min)		原轴承代号	
					r	r_1		D_a	r_a		基本额定			基本额定						
		d	D	B	min		$d_{a\min}$	max		a/mm	动载荷 C_r	静载荷 C_{or}	a/mm	动载荷 C_r	静载荷 C_{or}	脂润滑	油润滑		
											kN			kN						
7010C	7010AC	50	80	16	1	0.3	56	74	1	16.7	26.5	22.0	23.2	25.2	21.0	6700	9000	36110	46110
7011C	7011AC	55	90	18	1.1	0.6	62	83	1	18.7	37.2	30.0	25.9	35.2	29.2	6000	8000	36111	46111
7012C	7012AC	60	95	18	1.1	0.6	67	88	1	19.4	38.2	32.8	27.1	36.2	31.5	5600	7500	36112	46112
7013C	7013AC	65	100	18	1.1	0.6	72	93	1	20.1	40.0	35.5	28.2	38.0	33.8	5300	7000	36113	46113
7014C	7014AC	70	110	20	1.1	0.6	77	103	1	22.1	48.2	43.5	30.9	45.8	41.5	5000	6700	36114	46114
7015C	7015AC	75	115	20	1.1	0.6	82	108	1	22.7	49.5	46.5	32.2	46.8	44.2	4800	6300	36115	46115
7016C	7016AC	80	125	22	1.5	0.6	89	116	1.5	24.7	58.5	55.8	34.9	55.5	53.2	4500	6000	36116	46116
7017C	7017AC	85	130	22	1.5	0.6	94	121	1.5	25.4	62.5	60.2	36.1	59.2	57.2	4300	5600	36117	46117
7018C	7018AC	90	140	24	1.5	0.6	99	131	1.5	27.4	71.5	69.8	38.8	67.5	66.5	4000	5300	36118	46118
7019C	7019AC	95	145	24	1.5	0.6	104	136	1.5	28.1	73.5	73.2	40	69.5	69.8	3800	5000	36119	46119
7020C	7020AC	100	150	24	1.5	0.6	109	141	1.5	28.7	79.2	78.5	41.2	75	74.8	3800	5000	36120	46120
(0)2 尺寸系列																				
7200C	7200AC	10	30	9	0.6	0.15	15	25	0.6	7.2	5.82	2.95	9.2	5.58	2.82	18000	26000	36200	46200
7201C	7201AC	12	32	10	0.6	0.15	17	27	0.6	8	7.35	3.52	10.2	7.10	3.35	17000	24000	36201	46201
7202C	7202AC	15	35	11	0.6	0.15	20	30	0.6	8.9	8.68	4.62	11.4	8.35	4.40	16000	22000	36202	46202
7203C	7203AC	17	40	12	0.6	0.3	22	35	0.6	9.9	10.8	5.95	12.8	10.5	5.65	15000	20000	36203	46203
7204C	7204AC	20	47	14	1	0.3	26	41	1	11.5	14.5	8.22	14.9	14.0	7.82	13000	18000	36204	46204
7205C	7205AC	25	52	15	1	0.3	31	46	1	12.7	16.5	10.5	16.4	15.8	9.88	11000	16000	36205	46205
7206C	7206AC	30	62	16	1	0.3	36	56	1	14.2	23.0	15.0	48.7	22.0	14.2	9000	13000	36206	46206
7207C	7207AC	35	72	17	1.1	0.6	42	65	1	15.7	30.5	20.0	21	29.0	19.2	8000	11000	36207	46207
7208C	7208AC	40	80	18	1.1	0.6	47	73	1	17	36.8	25.8	23	35.2	24.5	7500	10000	36208	46208
7209C	7209AC	45	85	19	1.1	0.6	52	78	1	18.2	38.5	28.5	24.7	36.8	27.2	6700	9000	36209	46209
7210C	7210AC	50	90	20	1.1	0.6	57	83	1	19.4	42.8	32.0	26.3	40.8	30.5	6300	8500	36210	46210
7211C	7211AC	55	100	21	1.5	0.6	64	91	1.5	20.9	52.8	40.6	28.6	50.5	38.5	5600	7500	36211	46211
7212C	7212AC	60	110	22	1.5	0.6	69	101	1.5	22.4	61.0	48.5	30.8	58.2	46.2	5300	7000	36212	46212
7213C	7213AC	65	120	23	1.5	0.6	74	111	1.5	24.2	69.8	55.2	33.5	66.5	52.5	4800	6300	36213	46213
7214C	7214AC	70	125	24	1.5	0.6	79	116	1.5	25.3	70.2	60.0	35.1	69.2	57.5	4500	6000	36214	46214
7215C	7215AC	75	130	25	1.5	0.6	84	121	1.5	26.4	79.2	65.8	36.6	75.2	63.0	4300	5600	36215	46215
7216C	7216AC	80	140	26	2	1	90	130	2	27.7	89.5	78.2	38.9	85.0	74.5	4000	5300	36216	46216
7217C	7217AC	85	150	28	2	1	95	140	2	29.9	99.8	85.0	41.6	94.8	81.5	3800	5000	36217	46217
7218C	7218AC	90	160	30	2	1	100	150	2	31.7	122	105	44.2	118	100	3600	4800	36218	46218
7219C	7219AC	95	170	32	2.1	1.1	107	158	2.1	33.8	135	115	46.9	128	108	3400	4500	36219	46219
7220C	7220AC	100	180	34	2.1	1.1	112	168	2.1	35.8	148	128	49.7	142	122	3200	4300	36220	46220

续表

轴承代号		基本尺寸/mm			r_s	r_{1s}	安装尺寸/mm			70000C(α=15°)			70000AC(α=25°)			极限转速/(r/min)		原轴承代号	
										基本额定			基本额定						
		d	D	B	min		$d_{a\min}$	D_a	r_{as} max	a/mm	动载荷 C_r	静载荷 C_{or}	a/mm	动载荷 C_r	静载荷 C_{or}	脂润滑	油润滑		
											kN			kN					
(0)3 尺寸系列																			
7301C	7301AC	12	37	12	1	0.3	18	31	1	8.6	8.10	5.22	12	8.08	4.88	16000	22000	36301	46301
7302C	7302AC	15	42	13	1	0.3	21	36	1	9.6	9.38	5.95	13.5	9.08	5.58	15000	20000	36302	46302
7303C	7303AC	17	47	14	1	0.3	23	41	1	10.4	12.8	8.62	14.8	11.5	7.08	14000	19000	36303	46303
7304C	7304AC	20	52	15	1.1	0.6	27	45	1	11.3	14.2	9.68	16.8	13.8	9.10	12000	17000	36304	46304
7305C	7305AC	25	62	17	1.1	0.6	32	55	1	13.1	21.5	15.8	19.1	20.8	14.8	9500	14000	36305	46305
7306C	7306AC	30	72	19	1.1	0.6	37	65	1	15	26.5	19.8	22.2	25.2	18.5	8500	12000	36306	46306
7307C	7307AC	35	80	21	1.5	0.6	44	71	1.5	16.6	34.2	26.8	24.5	32.8	24.8	7500	10000	36307	46307
7308C	7308AC	40	90	23	1.5	0.6	49	81	1.5	18.5	40.2	32.3	27.5	38.5	30.5	6700	9000	36308	46308
7309C	7309AC	45	100	25	1.5	0.6	54	91	1.5	20.2	49.2	39.8	30.2	47.5	37.2	6000	8000	36309	46309
7310C	7310AC	50	110	27	2	1	60	100	2	22	53.5	47.2	33	55.5	44.5	5600	7500	36310	46310
7311C	7311AC	55	120	29	2	1	65	110	2	23.8	70.5	60.5	35.8	67.2	56.8	5000	6700	36311	46311
7312C	7312AC	60	130	31	2.1	1.1	72	118	2.1	25.6	80.5	70.2	38.7	77.8	65.8	4800	6300	36312	46312
7313C	7313AC	65	140	33	2.1	1.1	77	128	2.1	27.4	91.5	80.5	41.5	89.8	75.5	4300	5600	36313	46313
7314C	7314AC	70	150	35	2.1	1.1	82	138	2.1	29.2	102	91.5	44.3	98.5	86.0	4000	5300	36314	46314
7315C	7315AC	75	130	37	2.1	1.1	87	148	2.1	31	112	105	47.2	108	97.0	3800	5000	36315	46315
7316C	7316AC	80	140	39	2.1	1.1	92	158	2.1	32.8	122	118	50	118	108	3600	4800	36316	46316
7317C	7317AC	85	150	41	3	1.1	99	166	2.5	34.6	132	128	52.8	125	122	3400	4500	36317	46317
7318C	7318AC	90	160	43	3	1.1	104	176	2.5	36.4	142	142	55.6	135	135	3200	4300	36318	46318
7319C	7319AC	95	170	45	3	1.1	109	186	2.5	38.2	152	158	58.5	145	148	3000	4000	36319	46319
7320C	7320AC	100	180	47	3	1.1	114	201	2.5	40.2	162	175	61.9	165	178	2600	3600	36320	46320

表 E-3 圆锥滚子轴承（摘自 GB/T 297—2015）

径向当量动载荷

当 $F_a/F_r \leqslant e$ 时，$P_r = F_r$
当 $F_a/F_r > e$ 时，$P_r = 0.4F_r + YF_a$

径向当量静载荷

$P_{or} = F_r$
$P_{or} = 0.5F_r + Y_0 F_a$

取上列两式计算结果的较大值

标记示例：滚动轴承 30310 GB/T 297—2015

30000 型

轴承代号	尺寸/mm							安装尺寸/mm								计算系数			基本额定		极限转速/(r/min)		原轴承代号
	d	D	T	B	C	r_{min}	r_{1min}	$a \approx$	d_{amin}	d_{bmax}	D_{amin}	D_{amax}	D_{bmin}	a_{1min}	a_{2min}	r_{amax}	r_{bmax}	e	Y	Y_0	动载荷 C_r kN	静载荷 C_{or} kN	脂润滑	油润滑	
02 尺寸系列																									
30203	17	40	13.25	12	11	1	1	9.9	23	23	34	34	37	2	2.5	1	1	0.35	1.7	1	20.8	21.8	9000	12000	7203E
30204	20	47	15.25	14	12	1	1	11.2	26	27	40	41	43	2	2.5	1	1	0.35	1.7	1	28.2	30.5	8000	10000	7204E
30205	25	52	16.25	15	13	1	1	12.5	31	31	44	46	48	2	3.5	1	1	0.37	1.6	0.9	32.2	37.0	7000	9000	7205E
30206	30	62	17.25	16	14	1	1	13.8	36	37	53	56	58	2	3.5	1	1	0.37	1.6	0.9	43.2	50.5	6000	7500	7206E
30207	35	72	18.25	17	15	1.5	1.5	15.3	42	44	62	65	67	3	3.5	1.5	1.5	0.37	1.6	0.9	54.2	63.5	5300	6700	7207E
30208	40	80	19.75	18	16	1.5	1.5	16.9	47	49	69	73	75	3	4	1.5	1.5	0.37	1.6	0.9	63.0	74.0	5000	6300	7208E
30209	45	85	20.75	19	16	1.5	1.5	18.6	52	53	74	78	80	3	5	1.5	1.5	0.4	1.5	0.8	67.8	83.5	4500	5600	7209E
30210	50	90	21.75	20	17	1.5	1.5	20	57	58	79	83	86	3	5	1.5	1.5	0.42	1.4	0.8	73.2	92.0	4300	5300	7210E
30211	55	100	22.75	21	18	2	1.5	21	64	64	88	91	95	4	5	2	1.5	0.4	1.5	0.8	90.8	115	3800	4800	7211E
30212	60	110	23.75	22	19	2	1.5	22.3	69	69	96	101	103	4	5	2	1.5	0.4	1.5	0.8	102	130	3600	4500	7212E
30213	65	120	24.75	23	20	2	1.5	23.8	74	77	106	111	114	4	5	2	1.5	0.4	1.5	0.8	120	152	3200	4000	7213E
30214	70	125	26.75	24	21	2	1.5	25.8	79	81	110	116	119	4	5.5	2	1.5	0.42	1.4	0.8	132	175	3000	3800	7214E
30215	75	130	27.25	25	22	2	1.5	27.4	84	85	115	121	125	4	5.5	2	1.5	0.44	1.4	0.8	138	185	2800	3600	7215E
30216	80	140	28.25	26	22	2.5	2	28.1	90	90	124	130	133	4	6	2.1	2	0.42	1.4	0.8	160	212	2600	3400	7216E
30217	85	150	30.5	28	24	2.5	2	30.3	95	96	132	140	142	5	6.5	2.1	2	0.42	1.4	0.8	178	238	2400	3200	7217E
30218	90	160	32.5	30	26	2.5	2	32.3	100	102	140	150	151	5	6.5	2.1	2	0.42	1.4	0.8	200	270	2200	3000	7218E
30219	95	170	34.5	32	27	3	2.5	34.2	107	108	149	158	160	5	7.5	2.5	2.1	0.42	1.4	0.8	228	308	2000	2800	7219E
30220	100	180	37	34	29	3	2.5	36.4	112	114	157	168	169	5	8	2.5	2.1	0.42	1.4	0.8	255	350	1900	2600	7220E

续表

轴承代号	尺寸/mm								安装尺寸/mm							计算系数			基本额定		极限转速/(r/min)		原轴承代号
	d	D	T	B	C	r_{min}	r_{1min}	$a\approx$	d_{amin}	d_{bmax}	D_{amin}	D_{amax}	D_{bmin}	a_{1min}	a_{2min}	r_{amax}	r_{bmax}	e	Y	Y_0	动载荷 C_r	静载荷 C_{or}	脂润滑	油润滑	
																					kN				
03 尺寸系列																									
30302	15	42	14.25	13	11	1	1	9.6	21	22	36	36	38	2	3.5	1	1	0.29	2.1	1.2	22.8	21.5	9000	12000	7302E
30303	17	47	15.25	14	12	1	1	10.4	23	25	40	41	43	3	3.5	1	1	0.29	2.1	1.2	28.2	27.2	8500	11000	7303E
30304	20	52	16.25	15	13	1.5	1.5	11.1	27	28	44	45	48	3	3.5	1.5	1.5	0.3	2	1.1	33.0	33.2	7500	9500	7304E
30305	25	62	18.25	17	15	1.5	1.5	13	32	34	54	55	58	3	3.5	1.5	1.5	0.3	2	1.1	46.8	48.0	6300	8000	7305E
30306	30	72	20.75	19	16	1.5	1.5	15.3	37	40	62	65	66	3	5	1.5	1.5	0.31	1.9	1.1	59.0	63.0	5600	7000	7306E
30307	35	80	22.75	21	18	2	1.5	16.8	44	45	70	71	74	3	5	2	1.5	0.31	1.9	1.1	75.2	82.5	5000	6300	7307E
30308	40	90	25.25	23	20	2	1.5	19.5	49	52	77	81	84	3	5.5	2	1.5	0.35	1.7	1	90.8	108	4500	5600	7308E
30309	45	100	27.25	25	22	2	1.5	21.3	54	59	86	81	94	3	5.5	2	1.5	0.35	1.7	1	108	130	4000	5000	7309E
30310	50	110	29.25	27	23	2.5	2	23	60	65	95	100	103	4	6.5	2	1.5	0.35	1.7	1	130	158	3800	4800	7310E
30311	55	120	31.5	29	25	2.5	2	24.9	65	70	104	110	112	4	6.5	2.5	2	0.35	1.7	1	152	188	3400	4300	7311E
30312	60	130	33.5	31	26	3	2.5	26.6	72	76	112	118	121	5	7.5	2.5	2.1	0.35	1.7	1	170	210	3200	3800	7312E
30313	65	140	36	33	28	3	2.5	28.7	77	83	122	128	131	5	8	2.5	2.1	0.35	1.7	1	195	242	2800	3600	7313E
30314	70	150	38	35	30	3	2.5	30.7	82	89	130	138	141	5	8	2.5	2.1	0.35	1.7	1	218	272	2600	3400	7314E
30315	75	160	40	37	31	3	2.5	32	87	95	139	148	150	5	9	2.5	2.1	0.35	1.7	1	252	318	2400	3200	7315E
30316	80	170	42.5	39	33	3	2.5	34.4	92	102	148	158	160	5	9.5	2.5	2.1	0.35	1.7	1	278	352	2200	3000	7316E
30317	85	180	44	41	34	4	3	35.9	99	107	156	166	168	6	10.5	3	2.5	0.35	1.7	1	305	388	2000	2800	7317E
30318	90	190	46.5	43	36	4	3	37.5	104	113	165	176	178	6	10.5	3	2.5	0.35	1.7	1	342	440	1900	2600	7318E
30319	95	200	49.5	45	38	4	3	40.1	109	118	172	186	185	6	10.5	3	2.5	0.35	1.7	1	370	478	1800	2400	7319E
30320	100	215	51.5	47	39	4	3	42.2	114	127	184	201	199	6	10.5	3	2.5	0.35	1.7	1	405	525	1600	2000	7320E

续表

轴承代号	尺寸/mm							安装尺寸/mm								计算系数			基本额定		极限转速/(r/min)		原轴承代号
	d	D	T	B	C	r_{min}	r_{1min}	a ≈	d_{amin}	d_{bmax}	D_{amin}	D_{amax}	D_{bmin}	a_{1min}	a_{2min}	r_{amax}	r_{bmax}	e	Y	Y_0	动载荷 C_r	静载荷 C_{or}	脂润滑	油润滑	
																					kN				
22 尺寸系列																									
32206	30	62	21.25	20	17	1	1	15.6	36	36	52	56	58	3	4.5	1	1	0.37	1.6	0.9	51.8	63.8	6000	7500	7506E
32207	35	72	24.25	23	19	1.5	1.5	17.9	42	42	61	65	68	3	5.5	1.5	1.5	0.37	1.6	0.9	70.5	89.5	5300	6700	7507E
32208	40	80	24.75	23	19	1.5	1.5	18.9	47	48	68	73	75	3	6	1.5	1.5	0.37	1.6	0.9	77.8	97.2	5000	6300	7508E
32209	45	85	24.75	23	19	1.5	1.5	20.1	52	53	73	78	81	3	6	1.5	1.5	0.4	1.5	0.8	80.8	105	4500	5600	7509E
32210	50	90	24.75	23	19	1.5	1.5	21	57	57	78	83	86	3	6	1.5	1.5	0.42	1.4	0.8	82.8	108	4300	5300	7510E
32211	55	100	26.75	25	21	2	1.5	22.8	64	62	87	91	96	4	6	2	1.5	0.4	1.5	0.8	108	142	3800	4800	7511E
32212	60	110	29.75	28	24	2	1.5	25	69	68	95	101	105	4	6	2	1.5	0.4	1.5	0.8	132	180	3600	4500	7512E
32213	65	120	32.75	31	27	2	1.5	27.3	74	75	104	111	115	4	6	2	1.5	0.4	1.5	0.8	160	222	3200	4000	7513E
32214	70	125	33.25	31	27	2	1.5	28.8	79	79	108	116	120	4	6.5	2	1.5	0.42	1.4	0.8	168	238	3000	3800	7514E
32215	75	130	33.25	31	27	2	1.5	30	84	84	115	121	126	4	6.5	2	1.5	0.44	1.4	0.8	170	242	2800	3600	7515E
32216	80	140	35.25	33	28	2.5	2	31.4	90	89	122	130	135	5	7.5	2.1	2	0.42	1.4	0.8	198	278	2600	3400	7516E
32217	85	150	38.5	36	30	2.5	2	33.9	95	95	130	140	143	5	8.5	2.1	2	0.42	1.4	0.8	228	325	2400	3200	7517E
32218	90	160	42.5	40	34	2.5	2	36.8	100	101	138	150	153	5	8.5	2.1	2	0.42	1.4	0.8	270	395	2200	3000	7518E
32219	95	170	45.5	43	37	3	2.5	39.2	107	106	145	158	163	5	8.5	2.5	2.1	0.42	1.4	0.8	302	448	2000	2800	7519E
32220	100	180	49	46	39	3	2.5	41.9	112	113	154	168	172	5	10	2.5	2.1	0.42	1.4	0.8	340	512	1900	2600	7520E

附录 F 密封件

表 F-1 毡圈油封及槽(摘自 JB/ZQ 4606—1997)　　　　　(单位：mm)

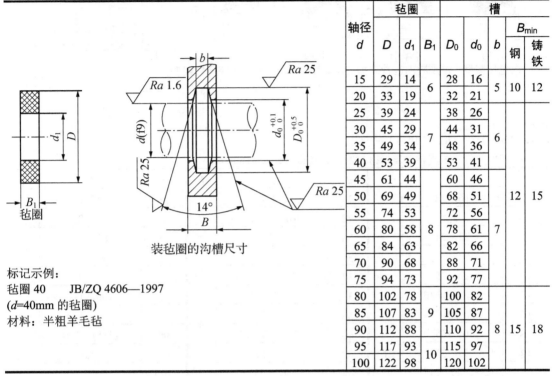

标记示例：
毡圈 40 JB/ZQ 4606—1997
(d=40mm 的毡圈)
材料：半粗羊毛毡

轴径	毡圈			槽			B_{min}	
d	D	d_1	B_1	D_0	d_0	b	钢	铸铁
15	29	14	6	28	16	5	10	12
20	33	19		32	21			
25	39	24	7	38	26	6		
30	45	29		44	31			
35	49	34		48	36			
40	53	39		53	41			
45	61	44	8	60	46	7	12	15
50	69	49		68	51			
55	74	53		72	56			
60	80	58		78	61			
65	84	63		82	66			
70	90	68		88	71			
75	94	73		92	77			
80	102	78	9	100	82	8	15	18
85	107	83		105	87			
90	112	88		110	92			
95	117	93	10	115	97			
100	122	98		120	102			

注：本标准适用于线速度 v<5m/s。

表 F-2 J 型无骨架橡胶油封(摘自 HG 4-338—1966)(1988 确认继续执行)　　　　(单位：mm)

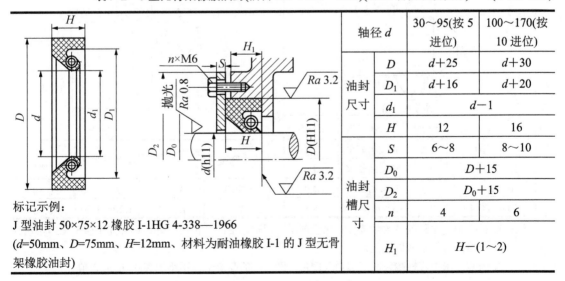

标记示例：
J 型油封 50×75×12 橡胶 I-1HG 4-338—1966
(d=50mm、D=75mm、H=12mm，材料为耐油橡胶 I-1 的 J 型无骨架橡胶油封)

		轴径 d	30~95(按 5 进位)	100~170(按 10 进位)
油封尺寸	D		$d+25$	$d+30$
	D_1		$d+16$	$d+20$
	d_1		$d-1$	
	H		12	16
	S		6~8	8~10
油封槽尺寸	D_0		$D+15$	
	D_2		D_0+15	
	n		4	6
	H_1		$H-(1~2)$	

表 F-3　唇形油封圈的形式、尺寸及安装要求(摘自 GB/T 13871.1—2007)　　(单位：mm)

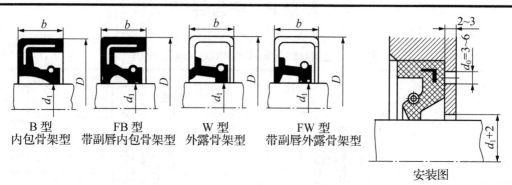

标记示例：

(F)B　120　150　GB/T 13871.1—2007

(带副唇的内包骨架型旋转轴唇形密封圈，d_1=120mm，D=150mm)

d_1	D	b	d_1	D	b	d_1	D	b
6	16, 22	7	25	40, 47, 52	7	55	72, (75), 80	8
7	22		28	40, 47, 52		60	80, 85	
8	22, 24		30	42, 47, (50)		65	85, 90	
9	22		30	52		70	90, 95	10
10	22, 25		32	45, 47, 52		75	95, 100	
12	24, 25, 30		35	50, 52, 55		80	100, 110	
15	26, 30, 35		38	52, 58, 62	8	85	110, 120	
16	30, (35)		40	55, (60), 62		90	(115), 120	12
18	30, 35		42	55, 62		95	120	
20	35, 40, (45)		45	62, 65		100	125	
22	35, 40, 47		50	68, (70), 72		105	(130)	

旋转轴唇形密封圈的安装要求

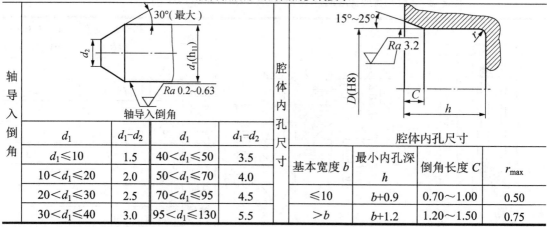

轴导入倒角				腔体内孔尺寸			
d_1	d_1-d_2	d_1	d_1-d_2	基本宽度 b	最小内孔深 h	倒角长度 C	r_{max}
d_1≤10	1.5	40<d_1≤50	3.5				
10<d_1≤20	2.0	50<d_1≤70	4.0	≤10	b+0.9	0.70～1.00	0.50
20<d_1≤30	2.5	70<d_1≤95	4.5				
30<d_1≤40	3.0	95<d_1≤130	5.5	>b	b+1.2	1.20～1.50	0.75

注：1. 标准中考虑到国内实际情况，除全部采用国际标准的公称尺寸外，还补充了若干国内常用的规格，并加括号以示区别。

　　2. 安装要求中若轴端采用倒圆导入倒角，则倒圆的圆角半径不小于表中 d_1-d_2 之值。

表 F-4　O形橡胶密封圈(代号 G)(摘自 GB/T 3452.1—2005)

(单位: mm)

标记示例:
40×3.55G　GB/T 3452.1—2005
(内径 d_1=40.0mm, 截面直径 d_2=3.55mm 的通用 O 形密封圈)

沟槽尺寸(GB/T 3452.3—2005)

d_2	$b_{\ 0}^{+0.25}$	$h_{\ 0}^{+0.10}$	d_3 的偏差值	r_1	r_2
1.8	2.4	1.38	0 −0.04	0.2~0.4	0.1~0.3
2.65	3.6	2.07	0 −0.05	0.4~0.8	
3.55	4.8	2.74	0 −0.06	0.4~0.8	
5.3	7.1	4.19	0 −0.07	0.8~1.2	
7.0	9.5	5.67	0 −0.09		

内径与截面直径对照表

内径 d_1	极限偏差	截面直径 d_2			
		1.80±0.08	2.65±0.09	3.55±0.10	
13.2	±0.17	*	*		
14.0		*	*		
15.0		*	*		
16.0		*	*	*	
17.0		*	*	*	
18.0		*	*	*	
19.0		*	*	*	
20.0	±0.22	*	*	*	
21.2		*	*	*	
22.4		*	*	*	
23.6		*	*	*	
25.0		*	*	*	
25.8		*	*	*	
26.5		*	*	*	
28.0		*	*	*	
30.0	±0.30	*	*	*	
31.5		*	*	*	
32.5		*	*	*	

内径 d_1	极限偏差	截面直径 d_2			
		1.80±0.08	2.65±0.09	3.55±0.10	5.30±0.13
33.5	±0.30	*	*	*	
34.5		*	*	*	
35.5		*	*	*	
36.5		*	*	*	
37.5		*	*	*	
38.7		*	*	*	
40.0		*	*	*	*
41.2		*	*	*	*
42.5	±0.36	*	*	*	*
43.7		*	*	*	*
45.0		*	*	*	*
46.2		*	*	*	*
47.5		*	*	*	*
48.7		*	*	*	*
50.0		*	*	*	*
51.5			*	*	*
53.0	±0.44		*	*	*
54.5			*	*	*

内径 d_1	极限偏差	截面直径 d_2			
		1.80±0.08	2.65±0.09	3.55±0.10	5.30±0.13
56.0	±0.44		*	*	*
58.0			*	*	*
60.0			*	*	*
61.5			*	*	*
63.0			*	*	*
65.0			*	*	*
67.0			*	*	*
69.0	±0.53		*	*	*
71.0			*	*	*
73.0			*	*	*
75.0			*	*	*
77.5			*	*	*
80.0			*	*	*
82.5			*	*	*
85.0	±0.65		*	*	*
87.5			*	*	*
90.0			*	*	*
92.5			*	*	*

内径 d_1	极限偏差	截面直径 d_2			
		2.65±0.09	3.55±0.10	5.30±0.13	7.00±0.15
95.0	±0.44	*	*	*	
97.5		*	*	*	
100		*	*	*	
103		*	*	*	
106		*	*	*	*
109		*	*	*	*
112		*	*	*	*
115		*	*	*	*
118		*	*	*	*
122		*	*	*	*
125		*	*	*	*
128		*	*	*	*
132		*	*	*	*
136	±0.44	*	*	*	*
140		*	*	*	*
145		*	*	*	*
150		*	*	*	*
155		*	*	*	*

注:"*"表示常用尺寸。

表 F-5　油沟密封圈(摘自 JB/ZQ 4245—2006)　　　　　(单位：mm)

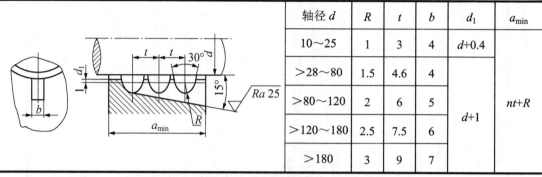

轴径 d	R	t	b	d_1	a_{min}
10～25	1	3	4	$d+0.4$	$nt+R$
>28～80	1.5	4.6	4		
>80～120	2	6	5	$d+1$	
>120～180	2.5	7.5	6		
>180	3	9	7		

注：1. 表中 R、t、b 尺寸，在个别情况下，可用于与表中不相对应的轴径上。
　　2. 一般槽数 $n=2～4$ 个，使用 3 个的较多。

表 F-6　迷宫密封槽(摘自 JB/ZQ 4245—2006)　　　　　(单位：mm)

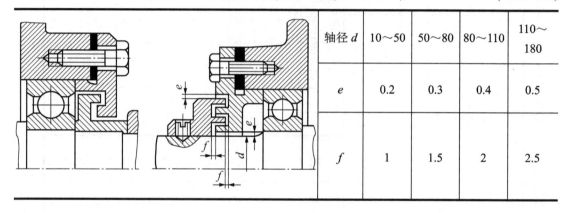

轴径 d	10～50	50～80	80～110	110～180
e	0.2	0.3	0.4	0.5
f	1	1.5	2	2.5

附录 G　润滑剂

表 G-1　工业常用润滑油的性能和用途

类型	品种代号	牌号	运动黏度[①]/ (mm^2/s)	闪点/℃ 不低于	凝点/℃ 不高于	主要性能和用途	说明
工业闭式齿轮油(GB 5903—2011)	L-CKB 抗氧防锈工业齿轮油	46	41.4～50.6	180	-5	具有良好的抗氧化性、耐蚀性、抗腐蚀性等性能，适用于齿面应力在 500MPa 以下的一般工业闭式齿轮传动的润滑	L—润滑剂类
		68	61.2～74.8				
		100	90～110	200			
		150	135～165				
		220	198～242				
		320	288～352				

续表

类型	品种代号	牌号	运动黏度[①]/(mm²/s)	闪点/℃ 不低于	凝点/℃ 不高于	主要性能和用途	说明
工业闭式齿轮油(GB 5903—2011)	L-CKC 中载荷工业齿轮油	68	61.2~74.8	180	-8	具有良好的极压抗磨性和抗氧化性,适用于冶金、矿山、机械、水泥等行业的重载荷(500~1100MPa)闭式齿轮的润滑	L—润滑剂类
		100	90~110				
		150	135~165				
		220	198~242				
		320	288~352	180			
		460	414~506		-5		
		680	612~748				
	L-CKD 重载荷工业齿轮油	100	90~110	180	-8	具有良好的极压抗磨性、抗氧化性,适用于矿山、冶金、机械、化工等行业的重载荷齿轮传动装置	
		150	135~165				
		220	198~242				
		320	288~352	200			
		460	414~506		-5		
		680	612~748				
全损耗系统用油(GB 443—1989)	L-AN 全损耗系统用油	5	4.14~5.06	80	-5	不加或加少量添加剂,质量不高,适用于一次性润滑和某些要求较低、换油周期较短的油浴式润滑	全损耗系统用油包括L-AN全损耗系统用油(原机械油)和主轴油(铁路机车主轴油)
		7	6.12~7.48	110			
		10	9.00~11.00	130			
		15	13.5~16.5	150			
		22	19.8~24.2				
		32	28.8~35.2				
		46	41.4~50.6				
		68	31.2~74.8	160			
		100	90.0~110	180			
		150	135~165				

① 在40℃条件下。

表 G-2 常用润滑脂的主要性质和用途

名称	代号	滴点/℃ 不低于	工作锥入度(25℃,150g)1/10mm	主要用途
钙基润滑脂 (GB/T 491—2008)	L-XAAMHA1	80	310~340	有耐水性能,用于工作温度低于55~60℃的各种工农业、交通运输机械设备的轴承润滑,特别是有水或潮湿处
	L-XAAMHA2	85	265~295	
	L-XAAMHA3	90	220~250	
	L-XAAMHA4	95	175~205	
钠基润滑脂 (GB/T 492—1989)	L-XACMGA2	160	310~340	不耐水(或潮湿),用于工作温度在-10~+110℃的一般中等载荷机械设备轴承润滑
	L-XACMGA3		310~340	

续表

名称	代号	滴点/℃ 不低于	工作锥入度 (25℃, 150g)1/10mm	主要用途
通用锂基润滑脂 (GB/T 7324—2010)	ZL-1	170	310～340	有良好的耐水性和耐热性，适用于在较潮的工作环境中工作的机械设备，多用于铁路机车、列车、小电动机、发电机滚动轴承(温度较高者)的润滑，不适于低温工作
	ZL-2	175	265～295	
	ZL-3	180	220～250	
钙基润滑脂 (SH/T 0368—1992)	ZGN-2	120	250～290	用于工作温度在 80～100℃、有水分或较潮湿环境中工作的机械润滑，多用于铁路机车、列车、小电动机、发电机滚动轴承(温度较高者)的润滑；不适于低温工作
	ZGN-3	135	200～240	
石墨钙基润滑脂 (SH/T 0369—1992)	ZG-S	80	—	适用于人字齿轮、起重机、挖掘机的底盘齿轮、矿山机械、绞车钢丝绳等高载荷、高压力、低速度的粗糙机械润滑及一般开式齿轮润滑，能耐潮湿
7407 号齿轮润滑脂 (SH/T 0469—1994)		160	75～90	适用于各种低速，中、重载荷齿轮、链和联轴器等的润滑，使用温度不超过 120℃，可承受冲击载荷
工业凡士林 (SH 0039—1990)		54	—	适用于金属零件、机器的防锈，在机械的温度不高和载荷不大时，可用作减摩擦润滑脂

附录 H　常见机械制图标准画法

1. 规定画法

(1) 相邻零件的接触表面和配合表面只画一条线，不接触表面和非配合表面画两条线，如图 H.1 所示。

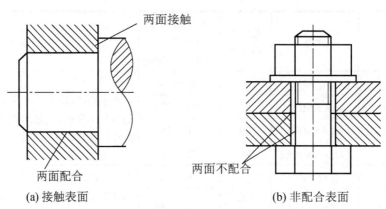

(a) 接触表面　　　　　　　　(b) 非配合表面

图 H.1　相邻零件表面画法

(2) 两个(或两个以上)零件邻接时,剖面线的倾斜方向应相反或间隔不同,但同一零件在各视图上的剖面线方向和间隔必须一致,如图 H.2 所示。

(3) 标准件和实心件按不剖画,如图 H.2 和图 H.3 所示。

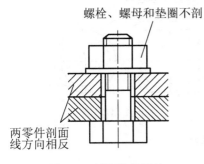

图 H.2 剖面线的画法

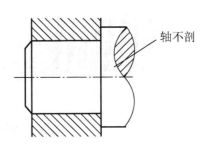

图 H.3 标准件与实心件不剖画法

2. 简化画法

均匀分布的相同零件组,可以详细画出一处,其余用细点画线表示零件组位置即可。零件的工艺结构,如倒角、圆角、退刀槽等可不画,如图 H.4(a)所示。滚动轴承、六角螺母及螺栓头等可采用简化画法,如图 H.4(b)和图 H.4(c)所示。

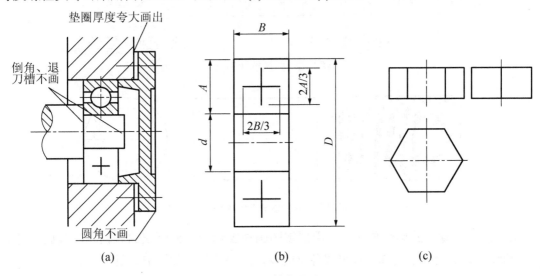

图 H.4 简化画法

3. 常用结构画法

1) 螺纹及螺纹联接

(1) 外螺纹的画法。螺纹的牙顶及螺纹终止线用粗实线表示,牙底用细实线表示,并画到倒角处。在垂直于螺杆轴线投影的视图中,表示牙底的细实线圆只画约 3/4 圈,表示倒角的粗实线圆省略不画,如图 H.5 所示。

(2) 内螺纹的画法。在螺孔的剖视图中,牙顶及螺纹终止线用粗实线表示,牙底为细实线。在垂直于螺孔轴线的视图中,表示牙底的细实线圆只画约 3/4 圈,表示倒角的粗实线圆省略不画，如图 H.6 所示。当螺纹不剖时，螺纹的所有图线均按虚线绘制，如图 H.7 所示。

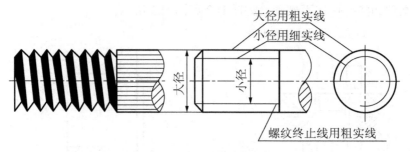

图 H.5　外螺纹的画法

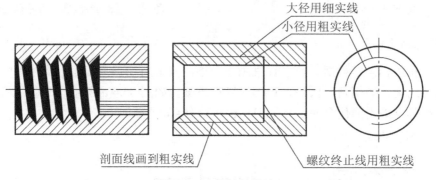

图 H.6　内螺纹的画法

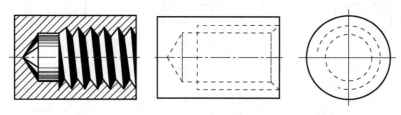

图 H.7　内螺纹未剖时的画法

(3) 内、外螺纹的旋合画法。在用剖视图画法表示内、外螺纹的联接时，其旋合部分按外螺纹的画法绘制，其余部分仍按各自的规定画法绘制，如图 H.8 所示。

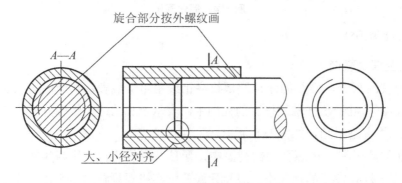

图 H.8　内、外螺纹的旋合画法

(4) 螺栓联接的画法。为了保证装配工艺合理，被联接件的光孔直径应比螺纹大径大些，一般按 1.1d 画出。螺栓联接的画法如图 H.9 所示。

(5) 螺钉联接的画法。螺钉联接时，上面的零件钻成通孔，其直径比螺钉大径略大，另一零件加工成螺纹孔，然后将螺钉拧入，用螺钉头压紧被联接件，其画法如图 H.10 所示。

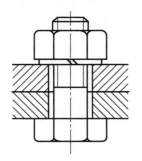
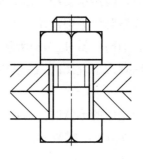

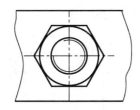

图 H.9　螺栓联接的画法

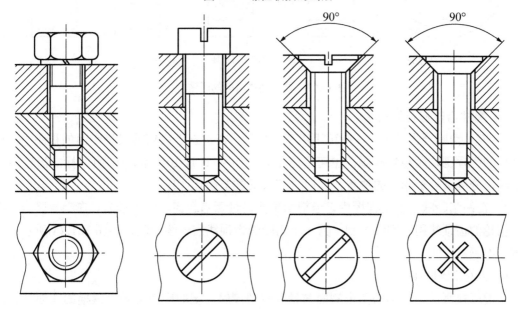

图 H.10　螺钉联接的画法

2) 圆柱齿轮

(1) 单个圆柱齿轮的规定画法。

① 单个圆柱齿轮一般用两个视图表达，如图 H.11 所示，或者用一个视图加一个局部视图表示。

② 齿顶圆和齿顶线用粗实线绘制，分度圆和分度线用细点画线绘制。

③ 在视图中齿根圆和齿根线用细实线绘制，也可省略不画；在剖视图中，齿根线用粗实线绘制，如图 H.11(b)~图 H.11(d)所示。

④ 当非圆视图画成剖视图时，齿顶线与齿根线之间的区域表示轮齿部分，按不剖绘制，不画剖面线。

⑤ 当需要表示轮齿的形状时，可用三条与齿线方向一致的细实线表示，如图 H.11(c)、和图 H.11(d)所示，直齿则不需表示。

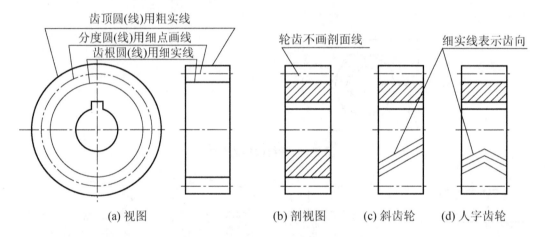

图 H.11 单个圆柱齿轮的画法

(2) 圆柱齿轮啮合的画法。

① 表达两啮合齿轮时，一般可采用两个视图，在垂直于齿轮轴线投影面的视图中，啮合区内的齿顶圆均用粗实线画，也可省略不画，如图 H.12(b)所示，节圆(两标准齿轮相互啮合时，分度圆处于相切的位置，此时分度圆又称节圆)相切。

② 在两齿轮啮合的剖视图中，当剖切平面通过两啮合齿轮的轴线时，在啮合区内，将一个齿轮的齿顶线用粗实线绘制，另一个齿轮的齿顶线用虚线绘制，如图 H.12(a)所示，也可省略不画。

3) 普通平键联接

在键联接画法中，键的两个侧面与轴和轮毂接触，键的底面与轴上键槽的底面接触，均画一条粗实线，键的顶面为非工作面，与轮毂有一定的间隙量，故画两条线，如图 H.13 所示。轴和轮毂上键槽的画法及尺寸标注如图 H.14 所示。

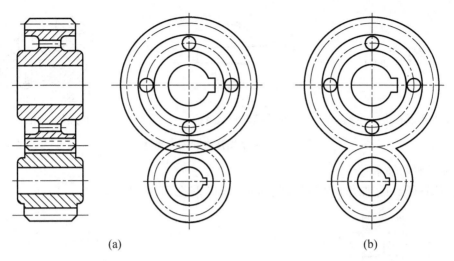

(a)   (b)

图 H.12　圆柱齿轮啮合的画法

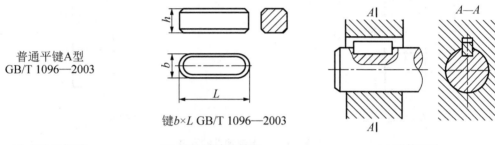

(a) 名称及标准　　(b) 键的画法及标记　　(c) 联接画法

图 H.13　普通平键及其联接的画法

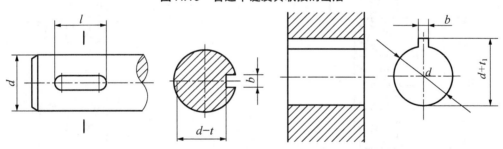

图 H.14　键槽的画法及尺寸标注

4) 销联接

圆柱销、圆锥销标记及联接画法如图 H.15 和图 H.16 所示。

(a) 名称及标准　　(b) 圆柱销的画法及标记　　(c) 联接画法

图 H.15　圆柱销及其联接的画法

圆锥销
GB/T 117—2000

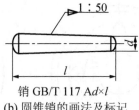

(a) 名称及标准　　　　(b) 圆锥销的画法及标记　　　　(c) 联接画法

图 H.16　圆锥销及其联接的画法

5) 常用滚动轴承

深沟球轴承、圆锥滚子轴承的画法如图 H.17 和图 H.18 所示。

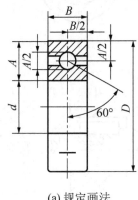

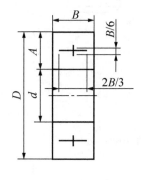

(a) 规定画法　　　　　　　　　　　　(b) 特征画法

图 H.17　深沟球轴承的画法

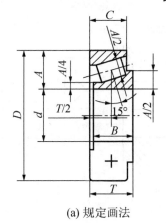

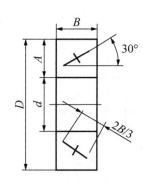

(a) 规定画法　　　　　　　　　　　　(b) 特征画法

图 H.18　圆锥滚子轴承的画法

附录 I　减速器装拆和结构分析实验

1. 实验目的

(1) 熟悉减速器的基本结构，了解常用减速器的用途及特点。

(2) 了解减速器各部分零件的名称、结构和功用。

(3) 了解减速器的装配关系及安装调整过程。
(4) 学会减速器基本参数的测定方法。

2. 实验设备及工具

减速器型号：(具体型号因各院校实训设备而异。)

工具：扳手、钢尺、卡尺等。

3. 实验步骤

(1) 结合图册、《机械设计基础》教材等，了解减速器的使用场合及主要特性。

(2) 观察减速器的外形，用手来回推动输入轴、输出轴，感受轴向窜动及传动过程。用扳手旋开箱盖上的螺栓，卸下箱盖，观察减速器各部分的结构。

① 观察减速器的传动路线，分析该传动方案的优缺点及适用场合。观察各级传动所采用传动机构的特点，并判断其布置是否合理。

② 观察轴组件部件。

a. 分析传动零件所受轴向力和径向力向箱体基础传递的过程。

b. 分析轴上零件的轴向和周向固定方法。

c. 观察轴承组合的轴向固定方法，并说明轴承游隙及轴承组合位置是如何调整的。

③ 观察箱体部件。

a. 观察箱体的剖分面，注意它是否与传动件轴心线平面重合。观察箱体的结构工艺性(如薄厚壁之间的过渡、拔模斜度、两壁间的连接、箱座底面结构、同一轴线上的两轴承孔直径是否相等、各轴承座孔外端面是否处于同一平面等)。

b. 观察支撑肋板和凸台的位置及高度。

c. 观察各部分螺栓的尺寸及间距，它们与外箱壁、凸台边缘的距离，并注意扳手空间是否合适。

④ 观察箱体附件。

a. 观察窥视孔、通气器、油标、放油螺塞等的结构、位置及功能。

b. 观察定位销孔的位置及起吊装置的形式。

⑤ 观察润滑与密封装置。

a. 分析传动件采用何种润滑方式，观察传动件与箱体底面的距离。

b. 分析滚动轴承的润滑方式，如采用飞溅润滑，观察箱体剖分面上油沟的位置、形状与结构。

c. 观察加油孔的结构与位置。

⑥ 分析传动零件的结构、材料及毛坯种类。

(3) 利用工具测量减速器各主要部分的参数及尺寸。

① 测出各齿轮齿数，求出各级传动比及总传动比。

② 测出中心距，并根据公式推算出齿轮的模数及斜齿轮的螺旋角 β。

③ 测出各齿轮的齿宽，算出齿宽系数，观察大、小齿轮的齿宽是否一样。

④ 测量齿轮与箱壁间的间隙、油池深度，分析滚动轴承的型号等。

⑤ 进行接触斑点试验。

a. 将一对相互啮合齿轮的齿面擦干净。
b. 在一对齿轮的 2～3 个齿的齿面上涂一层薄薄的红丹,再转动啮合。
c. 观察接触斑点的大小与位置,画出示意图,并分别求出齿宽及齿长方向接触斑点的百分数。

(4) 确定减速器的装配顺序,分析如何装配更方便(箱体内或箱体外装配),认真将减速器装配复原。

4. 注意事项

(1) 装拆时,把拆下的螺栓等零件按种类排好,以防散失。
(2) 实验完毕后要把设备及工具整理好,经指导教师同意方能离开实验室。

5. 实验报告

实验报告必须独立完成,按期交付。实验报告的格式如下:

减速器装拆和结构分析实验报告

姓名_____ 班级_____ 学号_____

一、实验条件

1. 减速器的型号、规格

型号:

规格:

2. 实验所用工具

二、观察报告

1. 绘出减速器的机构传动简图,标出各传动件及输入、输出轴。
2. 分析减速器主要零件的功用。

箱体:

齿轮及键:

轴及轴承:

润滑系统：

3．减速器主要参数及实验数据。

减速器类型及名称					
传动比		$i_{高}$	$i_{低}$	$I_{总}=i_{高} \cdot i_{低}$	
		高速级		低速级	
齿数 z		小齿轮	大齿轮	小齿轮	大齿轮
中心距 a/mm					
模数	m_t/mm				
	m_n/mm				
齿宽及齿宽系数	b/mm				
	ψ_d				
轴承型号及个数					
锥齿轮的顶锥角 δ_a		$\delta_{a1}=$		$\delta_{a2}=$	
斜齿轮的螺旋角		$\beta_1=$		$\beta_2=$	
蜗杆参数		$m=$	$z_1=$	$\gamma=$	$d_1=$
接触斑点		$b''=$ mm $b'=$ mm $c=$ mm $h''=$ mm $h'=$ mm	$\dfrac{b''-c}{b'}\times 100\%=$	$\dfrac{h''}{h'}\times 100\%=$	估计齿轮的接触精度

4．绘制输入或输出轴的轴上零件结构示意图，标注装配尺寸和配合与精度等级。

5．写出装拆体会，对所装拆的减速器提出改进意见。

(1) 传动零件、轴组件及箱体的结构是否合理。

(2) 轴承的选择、安装调整、固定、拆卸和润滑密封等方面是否合理。

(3) 其他方面的体会和改进意见。

参 考 文 献

[1] 陈立德. 机械设计基础课程设计指导书[M]. 北京：高等教育出版社，2004.
[2] 沈梅，赵娟. 机械识图与制图[M]. 2版.北京：化学工业出版社，2012.
[3] 薛慎行，孙淑敏. 机械设计基础课程设计引导[M]. 北京：机械工业出版社，2012.
[4] 王凤平.机械设计基础课程设计指导书[M]. 北京：机械工业出版社，2010.
[5] 闵小琪，万春芬. 机械设计基础课程设计[M]. 北京：机械工业出版社，2010.
[6] 王海梅，苏德胜，刘巨栋. 机械设计课程设计简明指导[M]. 北京：化学工业出版社，2009.
[7] 寇尊权，王多. 机械设计课程设计[M]. 2版.北京：机械工业出版社，2011.

北京大学出版社高职高专机电系列规划教材

序号	书号	书名	编著者	定价	印次	出版日期	配套情况
	"十二五"职业教育国家规划教材							
1	978-7-301-24455-5	电力系统自动装置(第2版)	王 伟	26.00	1	2014.8	ppt/pdf
2	978-7-301-24506-4	电子技术项目教程(第2版)	徐超明	42.00	1	2014.7	ppt/pdf
3	978-7-301-24475-3	零件加工信息分析(第2版)	谢 蕾	52.00	2	2015.1	ppt/pdf
4	978-7-301-24227-8	汽车电气系统检修(第2版)	宋作军	30.00	1	2014.8	ppt/pdf
5	978-7-301-24507-1	电工技术与技能	王 平	42.00	1	2014.8	ppt/pdf
6	978-7-301-17398-5	数控加工技术项目教程	李东君	48.00	1	2010.8	ppt/pdf
7	978-7-301-25341-0	汽车构造(上册)——发动机构造(第2版)	罗灯明	35.00	1	2015.5	ppt/pdf
8	978-7-301-25529-2	汽车构造(下册)——底盘构造(第2版)	鲍远通	36.00	1	2015.5	ppt/pdf
9	978-7-301-25650-3	光伏发电技术简明教程	静国梁	29.00	1	2015.6	ppt/pdf
10	978-7-301-24589-7	光伏发电系统的运行与维护	付新春	33.00	1	2015.7	ppt/pdf
11	978-7-301-18322-9	电子EDA技术(Multisim)	刘训非	30.00	2	2012.7	ppt/pdf
	机械类基础课							
1	978-7-301-13653-9	工程力学	武昭晖	25.00	3	2011.2	ppt/pdf
2	978-7-301-13574-7	机械制造基础	徐从清	32.00	3	2012.7	ppt/pdf
3	978-7-301-13656-0	机械设计基础	时忠明	25.00	3	2012.7	ppt/pdf
4	978-7-301-13662-1	机械制造技术	宁广庆	42.00	2	2010.11	ppt/pdf
5	978-7-301-27082-0	机械制造技术	徐 勇	48.00	1	2016.5	ppt/pdf
6	978-7-301-19848-3	机械制造综合设计及实训	裘俊彦	37.00	1	2013.4	ppt/pdf
7	978-7-301-19297-9	机械制造工艺及夹具设计	徐 勇	28.00	1	2011.8	ppt/pdf
8	978-7-301-25479-0	机械制图——基于工作过程(第2版)	徐连孝	62.00	1	2015.5	ppt/pdf
9	978-7-301-18143-0	机械制图习题集	徐连孝	20.00	2	2013.4	ppt/pdf
10	978-7-301-15692-6	机械制图	吴百中	26.00	2	2012.7	ppt/pdf
11	978-7-301-27234-3	机械制图	陈世芳	42.00	1	2016.8	ppt/pdf/素材
12	978-7-301-27233-6	机械制图习题集	陈世芳	38.00	1	2016.8	pdf
13	978-7-301-22916-3	机械图样的识读与绘制	刘永强	36.00	1	2013.8	ppt/pdf
14	978-7-301-23354-2	AutoCAD应用项目化实训教程	王利华	42.00	1	2014.1	ppt/pdf
15	978-7-301-17122-6	AutoCAD机械绘图项目教程	张海鹏	36.00	3	2013.8	ppt/pdf
16	978-7-301-17573-6	AutoCAD机械绘图基础教程	王长忠	32.00	2	2013.8	ppt/pdf
17	978-7-301-19010-4	AutoCAD机械绘图基础教程与实训(第2版)	欧阳全会	36.00	3	2014.1	ppt/pdf
18	978-7-301-22185-3	AutoCAD 2014机械应用项目教程	陈善岭	32.00	1	2016.1	ppt/pdf
19	978-7-301-26591-8	AutoCAD 2014机械绘图项目教程	朱 昱	40.00	1	2016.2	ppt/pdf
20	978-7-301-24536-1	三维机械设计项目教程(UG版)	龚肖新	45.00	1	2014.9	ppt/pdf
21	978-7-301-20752-9	液压传动与气动技术(第2版)	曹建东	40.00	2	2014.1	ppt/pdf/素材
22	978-7-301-13582-2	液压与气压传动技术	袁 广	24.00	5	2013.8	ppt/pdf
23	978-7-301-24381-7	液压与气动技术项目教程	武 威	30.00	1	2014.8	ppt/pdf
24	978-7-301-19436-2	公差与测量技术	余 键	25.00	1	2011.9	ppt/pdf
25	978-7-5038-4861-2	公差配合与测量技术	南秀蓉	23.00	4	2011.12	ppt/pdf
26	978-7-301-19374-7	公差配合与技术测量	庄佃霞	26.00	2	2013.8	ppt/pdf
27	978-7-301-25614-5	公差配合与测量技术项目教程	王丽丽	26.00	1	2015.4	ppt/pdf
28	978-7-301-25953-5	金工实训(第2版)	柴增田	38.00	1	2015.6	ppt/pdf
29	978-7-301-13651-5	金属工艺学	柴增田	27.00	2	2011.6	ppt/pdf
30	978-7-301-23868-4	机械加工工艺编制与实施(上册)	于爱武	42.00	1	2014.3	ppt/pdf/素材
31	978-7-301-24546-0	机械加工工艺编制与实施(下册)	于爱武	42.00	1	2014.7	ppt/pdf/素材

序号	书号	书名	编著者	定价	印次	出版日期	配套情况
32	978-7-301-21988-1	普通机床的检修与维护	宋亚林	33.00	1	2013.1	ppt/pdf
33	978-7-5038-4869-8	设备状态监测与故障诊断技术	林英志	22.00	3	2011.8	ppt/pdf
34	978-7-301-22116-7	机械工程专业英语图解教程(第2版)	朱派龙	48.00	2	2015.5	ppt/pdf
35	978-7-301-23198-2	生产现场管理	金建华	38.00	1	2013.9	ppt/pdf
36	978-7-301-24788-4	机械CAD绘图基础及实训	杜洁	30.00	1	2014.9	ppt/pdf
数控技术类
1	978-7-301-17148-6	普通机床零件加工	杨雪青	26.00	2	2013.8	ppt/pdf/素材
2	978-7-301-17679-5	机械零件数控加工	李文	38.00	1	2010.8	ppt/pdf
3	978-7-301-13659-5	CAD/CAM实体造型教程与实训(Pro/ENGINEER版)	诸小丽	38.00	4	2014.7	ppt/pdf
4	978-7-301-24647-6	CAD/CAM数控编程项目教程(UG版)(第2版)	慕灿	48.00	1	2014.8	ppt/pdf
5	978-7-301-21873-0	CAD/CAM数控编程项目教程(CAXA版)	刘玉春	42.00	1	2013.3	ppt/pdf
6	978-7-5038-4866-7	数控技术应用基础	宋建武	22.00	2	2010.7	ppt/pdf
7	978-7-301-13262-3	实用数控编程与操作	钱东东	32.00	4	2013.8	ppt/pdf
8	978-7-301-14470-1	数控编程与操作	刘瑞已	29.00	2	2011.2	ppt/pdf
9	978-7-301-20312-5	数控编程与加工项目教程	周晓宏	42.00	1	2012.3	ppt/pdf
10	978-7-301-23898-1	数控加工编程与操作实训教程(数控车分册)	王忠斌	36.00	1	2014.6	ppt/pdf
11	978-7-301-20945-5	数控铣削技术	陈晓罗	42.00	1	2012.7	ppt/pdf
12	978-7-301-21053-6	数控车削技术	王军红	28.00	1	2012.8	ppt/pdf
13	978-7-301-25927-6	数控车削编程与操作项目教程	肖国涛	26.00	1	2015.7	ppt/pdf
14	978-7-301-17398-5	数控加工技术项目教程	李东君	48.00	1	2010.8	ppt/pdf
15	978-7-301-21119-9	数控机床及其维护	黄应勇	38.00	1	2012.8	ppt/pdf
16	978-7-301-20002-5	数控机床故障诊断与维修	陈学军	38.00	1	2012.1	ppt/pdf
模具设计与制造类
1	978-7-301-23892-9	注射模设计方法与技巧实例精讲	邹继强	54.00	1	2014.2	ppt/pdf
2	978-7-301-24432-6	注射模典型结构设计实例图集	邹继强	54.00	1	2014.6	ppt/pdf
3	978-7-301-18471-4	冲压工艺与模具设计	张芳	39.00	1	2011.3	ppt/pdf
4	978-7-301-19933-6	冷冲压工艺与模具设计	刘洪贤	32.00	1	2012.1	ppt/pdf
5	978-7-301-20414-6	Pro/ENGINEER Wildfire 产品设计项目教程	罗武	31.00	1	2012.5	ppt/pdf
6	978-7-301-16448-8	Pro/ENGINEER Wildfire 设计实训教程	吴志清	38.00	1	2012.8	ppt/pdf
7	978-7-301-22678-0	模具专业英语图解教程	李东君	22.00	1	2013.7	ppt/pdf
电气自动化类
1	978-7-301-18519-3	电工技术应用	孙建领	26.00	1	2011.3	ppt/pdf
2	978-7-301-25670-1	电工电子技术项目教程（第2版）	杨德明	49.00	1	2016.2	ppt/pdf
3	978-7-301-22546-2	电工技能实训教程	韩亚军	22.00	1	2013.6	ppt/pdf
4	978-7-301-22923-1	电工技术项目教程	徐超明	38.00	1	2013.8	ppt/pdf
5	978-7-301-12390-4	电力电子技术	梁南丁	29.00	3	2013.5	ppt/pdf
6	978-7-301-17730-3	电力电子技术	崔红	23.00	1	2010.9	ppt/pdf
7	978-7-301-19525-3	电工电子技术	倪涛	38.00	1	2011.9	ppt/pdf
8	978-7-301-24765-5	电子电路分析与调试	毛玉青	35.00	1	2015.3	ppt/pdf
9	978-7-301-16830-1	维修电工技能与实训	陈学平	37.00	1	2010.7	ppt/pdf
10	978-7-301-12180-1	单片机开发应用技术	李国兴	21.00	2	2010.9	ppt/pdf
11	978-7-301-20000-1	单片机应用技术教程	罗国荣	40.00	1	2012.2	ppt/pdf
12	978-7-301-21055-0	单片机应用项目化教程	顾亚文	32.00	1	2012.8	ppt/pdf
13	978-7-301-17489-0	单片机原理及应用	陈高锋	32.00	1	2012.9	ppt/pdf
14	978-7-301-24281-0	单片机技术及应用	黄贻培	30.00	1	2014.7	ppt/pdf
15	978-7-301-22390-1	单片机开发与实践教程	宋玲玲	24.00	1	2013.6	ppt/pdf

序号	书号	书名	编著者	定价	印次	出版日期	配套情况
16	978-7-301-17958-1	单片机开发入门及应用实例	熊华波	30.00	1	2011.1	ppt/pdf
17	978-7-301-16898-1	单片机设计应用与仿真	陆旭明	26.00	2	2012.4	ppt/pdf
18	978-7-301-19302-0	基于汇编语言的单片机仿真教程与实训	张秀国	32.00	1	2011.8	ppt/pdf
19	978-7-301-12181-8	自动控制原理与应用	梁南丁	23.00	3	2012.1	ppt/pdf
20	978-7-301-19638-0	电气控制与PLC应用技术	郭燕	24.00	1	2012.1	ppt/pdf
21	978-7-301-18622-0	PLC与变频器控制系统设计与调试	姜永华	34.00	1	2011.6	ppt/pdf
22	978-7-301-19272-6	电气控制与PLC程序设计(松下系列)	姜秀玲	36.00	1	2011.8	ppt/pdf
23	978-7-301-12383-6	电气控制与PLC(西门子系列)	李伟	26.00	2	2012.3	ppt/pdf
24	978-7-301-18188-1	可编程控制器应用技术项目教程(西门子)	崔维群	38.00	2	2013.6	ppt/pdf
25	978-7-301-23432-7	机电传动控制项目教程	杨德明	40.00	1	2014.1	ppt/pdf
26	978-7-301-12382-9	电气控制及PLC应用(三菱系列)	华满香	24.00	2	2012.5	ppt/pdf
27	978-7-301-22315-4	低压电气控制安装与调试实训教程	张郭	24.00	1	2013.4	ppt/pdf
28	978-7-301-24433-3	低压电器控制技术	肖朋生	34.00	1	2014.7	ppt/pdf
29	978-7-301-22672-8	机电设备控制基础	王本轶	32.00	1	2013.7	ppt/pdf
30	978-7-301-18770-8	电机应用技术	郭宝宁	33.00	1	2011.5	ppt/pdf
31	978-7-301-23822-6	电机与电气控制	郭夕琴	34.00	1	2014.8	ppt/pdf
32	978-7-301-17324-4	电机控制与应用	魏润仙	34.00	1	2010.8	ppt/pdf
33	978-7-301-21269-1	电机控制与实践	徐锋	34.00	1	2012.9	ppt/pdf
34	978-7-301-12389-8	电机与拖动	梁南丁	32.00	2	2011.12	ppt/pdf
35	978-7-301-18630-5	电机与电力拖动	孙英伟	33.00	1	2011.3	ppt/pdf
36	978-7-301-16770-0	电机拖动与应用实训教程	任娟平	36.00	1	2012.11	ppt/pdf
37	978-7-301-22632-2	机床电气控制与维修	崔兴艳	28.00	1	2013.7	ppt/pdf
38	978-7-301-22917-0	机床电气控制与PLC技术	林盛昌	36.00	1	2013.8	ppt/pdf
39	978-7-301-26499-7	传感器检测技术及应用(第2版)	王晓敏	45.00	1	2015.11	ppt/pdf
40	978-7-301-20654-6	自动生产线调试与维护	吴有明	28.00	1	2013.1	ppt/pdf
41	978-7-301-21239-4	自动生产线安装与调试实训教程	周洋	30.00	1	2012.9	ppt/pdf
42	978-7-301-18852-1	机电专业英语	戴正阳	28.00	2	2013.8	ppt/pdf
43	978-7-301-24764-8	FPGA应用技术教程(VHDL版)	王真富	38.00	1	2015.2	ppt/pdf
44	978-7-301-26201-6	电气安装与调试技术	卢艳	38.00	1	2015.8	ppt/pdf
45	978-7-301-26215-3	可编程控制器编程及应用(欧姆龙机型)	姜凤武	27.00	1	2015.8	ppt/pdf
46	978-7-301-26481-2	PLC与变频器控制系统设计与高度(第2版)	姜永华	44.00	1	2016.7	ppt/pdf
汽车类							
1	978-7-301-17694-8	汽车电工电子技术	郑广军	33.00	1	2011.1	ppt/pdf
2	978-7-301-26724-0	汽车机械基础(第2版)	张本升	45.00	1	2016.1	ppt/pdf/素材
3	978-7-301-26500-0	汽车机械基础教程(第3版)	吴笑伟	35.00	1	2015.12	ppt/pdf/素材
4	978-7-301-17821-8	汽车机械基础项目化教学标准教程	傅华娟	40.00	2	2014.8	ppt/pdf
5	978-7-301-19646-5	汽车构造	刘智婷	42.00	1	2012.1	ppt/pdf
6	978-7-301-25341-0	汽车构造(上册)——发动机构造(第2版)	罗灯明	35.00	1	2015.5	ppt/pdf
7	978-7-301-25529-2	汽车构造(下册)——底盘构造(第2版)	鲍远通	36.00	1	2015.5	ppt/pdf
8	978-7-301-13661-4	汽车电控技术	祁翠琴	39.00	6	2015.2	ppt/pdf
9	978-7-301-19147-7	电控发动机原理与维修实务	杨洪庆	27.00	1	2011.7	ppt/pdf
10	978-7-301-13658-4	汽车发动机电控系统原理与维修	张吉国	25.00	2	2012.4	ppt/pdf
11	978-7-301-18494-3	汽车发动机电控技术	张俊	46.00	2	2013.8	ppt/pdf/素材
12	978-7-301-21989-8	汽车发动机构造与维修(第2版)	蔡兴旺	40.00	1	2013.1	ppt/pdf/素材
14	978-7-301-18948-1	汽车底盘电控原理与维修实务	刘映凯	26.00	1	2012.1	ppt/pdf
15	978-7-301-24227-8	汽车电气系统检修(第2版)	宋作军	30.00	1	2014.8	ppt/pdf
16	978-7-301-23512-6	汽车车身电控系统检修	温立全	30.00	1	2014.1	ppt/pdf
17	978-7-301-18850-7	汽车电器设备原理与维修实务	明光星	38.00	2	2013.9	ppt/pdf

序号	书号	书名	编著者	定价	印次	出版日期	配套情况
18	978-7-301-20011-7	汽车电器实训	高照亮	38.00	1	2012.1	ppt/pdf
19	978-7-301-22363-5	汽车车载网络技术与检修	闫炳强	30.00	1	2013.6	ppt/pdf
20	978-7-301-14139-7	汽车空调原理及维修	林 钢	26.00	3	2013.8	ppt/pdf
21	978-7-301-16919-3	汽车检测与诊断技术	娄 云	35.00	2	2011.7	ppt/pdf
22	978-7-301-22988-0	汽车拆装实训	詹远武	44.00	1	2013.8	ppt/pdf
23	978-7-301-18477-6	汽车维修管理实务	毛 峰	23.00	1	2011.3	ppt/pdf
24	978-7-301-19027-2	汽车故障诊断技术	明光星	25.00	1	2011.6	ppt/pdf
25	978-7-301-17894-2	汽车养护技术	隋礼辉	24.00	1	2011.3	ppt/pdf
26	978-7-301-22746-6	汽车装饰与美容	金守玲	34.00	1	2013.7	ppt/pdf
27	978-7-301-25833-0	汽车营销实务(第 2 版)	夏志华	32.00	1	2015.6	ppt/pdf
28	978-7-301-15578-3	汽车文化	刘 锐	28.00	4	2013.2	ppt/pdf
29	978-7-301-20753-6	二手车鉴定与评估	李玉柱	28.00	1	2012.6	ppt/pdf
30	978-7-301-26595-6	汽车专业英语图解教程(第 2 版)	侯锁军	29.00	1	2016.4	ppt/pdf/素材
31	978-7-301-27089-9	汽车营销服务礼仪(第 2 版)	夏志华	36.00	1	2016.6	ppt/pdf
电子信息、应用电子类							
1	978-7-301-19639-7	电路分析基础(第 2 版)	张丽萍	25.00	1	2012.9	ppt/pdf
2	978-7-301-19310-5	PCB 板的设计与制作	夏淑丽	33.00	1	2011.8	ppt/pdf
3	978-7-301-21147-2	Protel 99 SE 印制电路板设计案例教程	王 静	35.00	1	2012.8	ppt/pdf
4	978-7-301-18520-9	电子线路分析与应用	梁玉国	34.00	1	2011.7	ppt/pdf
5	978-7-301-12387-4	电子线路 CAD	殷庆纵	28.00	4	2012.7	ppt/pdf
6	978-7-301-12390-4	电力电子技术	梁南丁	29.00	2	2010.7	ppt/pdf
7	978-7-301-17730-3	电力电子技术	崔 红	23.00	1	2010.9	ppt/pdf
8	978-7-301-19525-3	电工电子技术	倪 涛	38.00	1	2011.9	ppt/pdf
9	978-7-301-18519-3	电工技术应用	孙建领	26.00	1	2011.3	ppt/pdf
10	978-7-301-22546-2	电工技能实训教程	韩亚军	22.00	1	2013.6	ppt/pdf
11	978-7-301-22923-1	电工技术项目教程	徐超明	38.00	1	2013.8	ppt/pdf
12	978-7-301-25670-1	电工电子技术项目教程(第 2 版)	杨德明	49.00	1	2016.2	ppt/pdf
14	978-7-301-26076-0	电子技术应用项目式教程(第 2 版)	王志伟	40.00	1	2015.9	ppt/pdf/素材
15	978-7-301-22959-0	电子焊接技术实训教程	梅琼珍	24.00	1	2013.8	ppt/pdf
16	978-7-301-17696-2	模拟电子技术	蒋 然	35.00	1	2010.8	ppt/pdf
17	978-7-301-13572-3	模拟电子技术及应用	刁修睦	28.00	3	2012.8	ppt/pdf
18	978-7-301-18144-7	数字电子技术项目教程	冯泽虎	28.00	1	2011.1	ppt/pdf
19	978-7-301-19153-8	数字电子技术与应用	宋雪臣	33.00	1	2011.9	ppt/pdf
20	978-7-301-20009-4	数字逻辑与微机原理	宋振辉	49.00	1	2012.1	ppt/pdf
21	978-7-301-12386-7	高频电子线路	李福勤	20.00	3	2013.8	ppt/pdf
22	978-7-301-20706-2	高频电子技术	朱小祥	32.00	1	2012.6	ppt/pdf
23	978-7-301-18322-9	电子 EDA 技术(Multisim)	刘训非	30.00	2	2012.7	ppt/pdf
24	978-7-301-14453-4	EDA 技术与 VHDL	宋振辉	28.00	1	2013.8	ppt/pdf
25	978-7-301-22362-8	电子产品组装与调试实训教程	何 杰	28.00	1	2013.6	ppt/pdf
26	978-7-301-19326-6	综合电子设计与实践	钱卫钧	25.00	2	2013.8	ppt/pdf
27	978-7-301-17877-5	电子信息专业英语	高金玉	26.00	2	2011.11	ppt/pdf
28	978-7-301-23895-0	电子电路工程训练与设计、仿真	孙晓艳	39.00	1	2014.3	ppt/pdf
29	978-7-301-24624-5	可编程逻辑器件应用技术	魏 欣	26.00	1	2014.8	ppt/pdf
30	978-7-301-26156-9	电子产品生产工艺与管理	徐中贵	38.00	1	2015.8	ppt/pdf

如您需要更多教学资源如电子课件、电子样章、习题答案等，请登录北京大学出版社第六事业部官网 www.pup6.cn 搜索下载。

如您需要浏览更多专业教材，请扫下面的二维码，关注北京大学出版社第六事业部官方微信（微信号：pup6book），随时查询专业教材、浏览教材目录、内容简介等信息，并可在线申请纸质样书用于教学。

感谢您使用我们的教材，欢迎您随时与我们联系，我们将及时做好全方位的服务。联系方式：010-62750667，329056787@qq.com，pup_6@163.com，lihu80@163.com，欢迎来电来信。客户服务 QQ 号：1292552107，欢迎随时咨询。